在不完美的
世界
心生美好

米雅 著

中国华侨出版社
北京

图书在版编目（CIP）数据

在不完美的世界心生美好 / 米雅著 .—北京：中国华侨出版社，2019.5
ISBN 978-7-5113-7831-6

Ⅰ.①在… Ⅱ.①米… Ⅲ.①人生哲学—通俗读物 Ⅳ.① B821-49

中国版本图书馆 CIP 数据核字（2019）第 064972 号

在不完美的世界心生美好

著　　者 / 米　雅
责任编辑 / 黄　威
责任校对 / 高晓华
经　　销 / 新华书店
开　　本 / 670 毫米 ×960 毫米　1/16　印张 /15　字数 /203 千字
印　　刷 / 三河市华润印刷有限公司
版　　次 / 2022 年 2 月第 1 版第 2 次印刷
书　　号 / ISBN 978-7-5113-7831-6
定　　价 / 42.00 元

中国华侨出版社　北京市朝阳区静安里 26 号通成达大厦 3 层　邮编：100028
法律顾问：陈鹰律师事务所
编辑部：（010）64443056　64443979
发行部：（010）64443051　传真：（010）64439708
网　址：www.oveaschin.com
E-mail：oveaschin@sina.com

前言

  万事万物皆有两面，有光明也有阴影，有高山就有河谷，有幸运的时候，也有倒霉的境遇，你无法只接受好的一面，而与坏的一面全然隔绝。人生不可能完美无缺，正因为人无完人事无完美，这个世界才不断发生着意想不到的、精彩纷呈的可能。所以，不完美从来都不等于糟糕，让生活变得沮丧的不是这个世界，而是我们看待世界的目光和对待生活的方式。

  当你不再将目光放在过去与未来，而是将专注力放在当下，你会发现原来现在的生活并非想象中那么糟糕；当你不再只顾追求更优渥富足的生活，你会发现没有欲望的指引，生活也会有更高的享受与自在；当你懂得改变当下的心情，勇敢接纳痛，不抱怨、不逃避的时候，你会发现每一个雨天也都是晴天；当你低下头不再只顾仰望星空，将目光放在足下的土地时，你会发现，远大的理想即使再光芒万丈，无法实现那便毫无意义，近旁的目标虽看似平凡，但只要到达便能有所收获；当你懂得不奢求最完美的爱情，只与眼前人好好在一起时，你就会发现，最好的爱情其实一直在你的手中。

这世界也许不完美，但并不影响我们去爱它。它就像个有些缺点的孩子，有时调皮却始终以温柔善意等待着拥抱你，因你的热爱而变得可爱。

眼前的人，身边的事，此刻的心情，是生活留给我们的、用来寻迹美好的地方。告别对过去与未来的徘徊，放下遥不可及的奢望与追寻，看得到的愉悦和够得到的美好都会在此刻发生。

目录

第一章　让一切美好发生在现在

1　别用一颗童话的心，面对现实 ……… 003
2　与遗憾纠缠，是对自己的为难 ……… 005
3　享受是生活的要义 ……… 008
4　幸福就像狗尾巴 ……… 012
5　没时间，不过是一个偷懒的借口 ……… 015
6　内心知足，人生从容 ……… 018
7　生活最好的状态，是刚刚好 ……… 021
8　用来羡慕他人的眼睛，看不见自己的精彩 ……… 024

第二章　欲望不是生活的指引

1　比起坚持，你更应该学会放弃 ……… 031
2　欲望让人不战而败 ……… 034
3　别让名誉成为你的负累 ……… 037
4　真正的幸福，来自内心的满足 ……… 041
5　自怨自艾，不过是因为太贪心 ……… 044
6　居高者更要懂得尊重 ……… 047

7　慢一点，找回遗失的本心 051

8　做不了第一，就做快乐的第二 055

9　越有钱，并非越快乐 058

10　由幸福方程式说幸福的真谛 061

第三章　改变此刻的心情

1　内心平和的人，不被愤怒所伤 067

2　不生气，更健康 070

3　再怎么慌乱，都要冷静自持 073

4　学会忘记，更轻松地拥抱当下 076

5　所有选择，为随心而活 079

6　别把固执当成伟大的坚持 082

7　接纳痛，不抱怨，不逃避 084

8　很多时候，疲惫源于想得太多 087

9　并没有"运气一直变坏"这回事 090

第四章　学会心灵断舍离

1　压力会把你割伤，也可以为你所用 097

2　与其忍耐，不如说出你的委屈 100

3　别把时间浪费在后悔上 103

4　生活总有更好的安排，打开门接纳 106

5　冲动时，魔鬼就在身边 110

6　享受孤独的美 ……… 113

　　7　当你遭遇生活中烦人的小事 ……… 116

　　8　他人的如意，不是你不平的理由 ……… 119

第五章　做踮起脚够得到的人生规划

　　1　平凡的人，也有精彩的人生 ……… 125

　　2　自立：为自己的人生买单 ……… 128

　　3　整理生活，先握紧你够得到的 ……… 131

　　4　承认能力与局限，量力而为 ……… 134

　　5　最可能实现的，是最好的选择 ……… 137

　　6　人生如戏，做真实的自己 ……… 141

第六章　珍惜当下的拥有

　　1　怀有一颗感恩的心 ……… 147

　　2　你对生活的态度，决定了你的心情 ……… 150

　　3　当好一个普通人，就是最大的幸福 ……… 153

　　4　以孩童的心观世界、过生活 ……… 157

　　5　唯有此刻，才是人生最好的礼物 ……… 160

　　6　忙里偷闲，松弛疲惫的身心 ……… 163

　　7　越是活得纯粹简单，内心越是愉悦丰盈 ……… 166

　　8　活着，便有幸福的一万种可能 ……… 169

第七章　与不完美的自己相爱

1. 跳脱世俗的纷扰，平静浮躁的内心 ……… 175
2. 宽容与遗忘，是爱护自己的方式 ……… 178
3. 他人的评价不代表真实的你 ……… 181
4. 建立自信，学会自我赞美 ……… 184
5. 你的美丽，需要欣赏 ……… 187
6. 心中有爱，生活哪里都可爱 ……… 191
7. 假装快乐，就会真的快乐 ……… 194
8. 有所期待的人生，不会黯淡无光 ……… 198

第八章　与爱和婚姻好好在一起

1. 你是否拥有幸福而不自知 ……… 203
2. 爱情要落在实实在在的生活中 ……… 206
3. 深爱的人不在远方，就在眼前 ……… 209
4. 不缠绕、不牵绊、不占有地在一起 ……… 212
5. 爱情没有比较 ……… 215
6. 婚姻中的"难得糊涂" ……… 219
7. 别用互相伤害来磨合婚姻 ……… 222
8. 幸福是"熬"出来的 ……… 225
9. 抱怨是最糟糕的沟通方式 ……… 228

第一章

让一切美好
发生在现在

人们常常以为，世间最珍贵的是"得不到"与"够不着"，

而其实，得不到的再好也只是海市蜃楼，

够不着的再美也不过是镜花水月，

唯有当下拥有的实实在在掌握在我们手中的才是通往幸福的唯一入口。

珍惜每个"现在"，就能与幸福不期而遇。

- 1 -

别用一颗童话的心，面对现实

在童话的世界里，纯洁的女孩会遇到英俊的王子，善良的人会过上幸福的生活，天使会保护有爱的人……

童话是那么美好，它满足了每个人心底各种各样的美好幻想，那是不受外界干扰、纯洁完美的世外桃源，是真正属于自己的内心世界……但很抱歉，童话始终不是真实的，我们的人生依旧构建在"残酷"的现实之上，那才是我们最真实的人生。

分不清幻想和真实的人，除了给自己的思想增加负担，让自己觉得生活越来越不美好之外，对自己真实的人生根本没有任何帮助。

其实，童话真的那么美好吗？或许是吧，毕竟在那里，主角只要善良勇敢，就能得到一切，王子、公主、城堡……以及神的眷顾。即便在童话的世界里，你确定自己就是那个主角吗？你也可能成为白雪公主恶毒的后妈；王子尖酸刻薄的跟班；甚至是某个无足轻重，只是为故事增加笑料的小角色……

现实真的那么残酷吗？也未必吧！看看那些通过自己的努力和奋斗，最终收获成功的各界精英，他们的人生难道不如童话般精彩？

嘿！你内心真正向往的，究竟是童话，还是那些你无法拥有的闪耀与成功？

心中充满对美好生活的幻想不是错，重要的是，你是否能在幻想中得到正能量，将自己的身心置于实实在在的现实中，看清日子的模样，活出真实的自己，然后告别幻想，这才是童话的真意。

艾拉生性浪漫，对生活充满了美好的幻想。她幻想着自己会拥有一辆高端大气上档次的跑车，像男人一样享受风驰电掣的快感；她也幻想着自己有一天能周游世界，去巴黎看歌剧，去日本看樱花；她还幻想着能遇到一位英俊潇洒又幽默十足的英国绅士……然而生活不是梦境，在一次意外中，艾拉被一架运转的机器碾轧，从此只能在轮椅上度过自己的余生了。更令人失望的是，她还嫁给了一个长相普通、毫无幽默感的男人。艾拉觉得自己的人生简直糟糕透了。

艾拉的丈夫虽然长相普通但是他是一个善良而聪明的男子。他看到妻子整日自暴自弃，心中非常伤痛，为了让艾拉重燃对生活的希望，他决定为艾拉"实现"她的幻想。他推着轮椅上的她在街上奔跑，让她感受"风驰电掣"；他带她去看镇上破旧的小剧院，给她讲悉尼歌剧院漂亮的尖房顶；他站在秋天的落叶里，告诉她日本的樱花有多美……

在丈夫的努力下，艾拉终于意识到，幻想就如同一把"双刃剑"，让你用幻想的美好与生活的不如意相对比时，只能让生活陷入黑暗与痛苦；如果你能从美好的幻想中获得力量，那么就能让生活充满阳光。

美好的童话不应该用来展示世界的残酷，得不到的幻想永远不会带来幸福的曙光。童话真正的意义在于引导我们接受真实，并能在真实中发现真、善、美。只有这样，我们才能活出真实的自己，发现生活的阳光。

命运永远不会宠爱沉溺于幻想的天才，相反它偏爱有实际才干的人。

人们向往童话，其实向往的是童话故事中的主人公所获得的一切好运和幸福，但不管在童话中还是在现实里，所有那些能够功成名就的人，通常都是用行动解决问题的人。只一味沉溺于幻想，却从来不肯付出实际努力的人，也只能在幻想中想想而已了。

童话的美好，是因为得不到。得不到的，怎么会让你幸福呢？所以，不要再沉溺于幻想，更不要用幻想来凸显真实的"残酷"。童话是一面哈哈镜，镜子里映出的，是经过"扭曲"之后的现实，有的人指着镜子大哭："现实怎会如此痛苦！"有的人却能看着镜子大笑："生活那模样可真有趣！"

- 2 -

与遗憾纠缠，是对自己的为难

生命就像一次单程旅行，我们只能义无反顾地向前走，无论身后的风景有多么秀丽迷人，也无法停留或回头。这是一条单行道，一条只能走向未来，而无法回头逆行的道路。一路前进，我们会得到很多，也会失去很多，就如坐在列车上，看着左边的风景，便只能遗憾错过右边的明媚。

很多时候，我们总会发出这样的叹息：哎，如果当初不这样就好了；哎，如果再给我一次机会，我一定不会像当初那样做；哎，如果我当初能大胆一点多好……总之，遗憾是每个人经常遇到的事。

人生一世，花开一季，所有人都想让此生圆满，没有任何遗憾。但这怎么可能呢？我们只有一双眼睛，只能看一边的风景；我们只有一双腿，只能踏上一条路。让人后悔的事，在现实生活中比比皆是。但不管再怎么后悔，再怎么遗憾，又能如何呢？每个人都应有一种豁达的心态，不要总是纠缠住过往不放，自暴自弃，坦然面对、珍惜现在，才不会出现一次又一次的遗憾。

有一位长得十分清秀亮丽的女孩经朋友介绍相亲，她听朋友说，介绍的这个男孩不仅才华横溢，而且还英俊帅气。为了让自己以最美的形象出现在他面前，在约定见面的那天，女孩早早起床，细心打扮，希望第一次见面能给对方留下美好的印象。

临出门时，女孩总是觉得脸上不是粉没扑匀，就是眉没描好，或者衣服选得不够漂亮，于是耽搁了很长时间。最后，当她终于出门赶到约定的地点时，男孩早已离去。

女孩一边埋怨这个男孩没多等她一会儿，一边自责自己不应耽搁那么长时间。当女孩再次见到男孩时，男孩身边已经有了女朋友，他的女朋友并没有自己长得漂亮，男孩笑着对女孩说："那天，我应该多等你一会儿。"

女孩没有说话，心中却愈发悔恨起来，如果那天早到一点，或许就不会错过这个如此优秀的男孩了。

这种悔恨深植在女孩心间，后来也有很多人追求过女孩，其中不乏比这个男孩更加优秀的，但女孩却因为心里那无法解开的遗憾，而错过了一段又一段的爱情。直到多年后，男孩结婚了，女孩孑然一身地看着他和另一个女孩步入礼堂时，才惊觉，自己和他之间从未有过刻骨铭心，又何谈难以忘怀的呢？

错过是一种美丽的遗憾，因为那段永远无法跨越的距离而让人辗转反侧。就像是心头的红玫瑰一般，在记忆的描绘中，总是越发艳丽。但遗憾终究是遗憾，再美丽的错过也只能在已走过的人生道路上留下一道印记。我们真正拥有的是现在，我们真正走向的是未来。

错过男孩是女孩的遗憾，但紧抓着这种遗憾不放，只会让女孩错过更多的美好与爱情。很多时候，遗憾真的如此让人难以释怀吗？其实未必，就像女孩与男孩，他们之间并没有什么刻骨铭心，令人难以忘怀的，不过是女孩心中的追悔莫及罢了。但生命就是如此啊，在遗憾和后悔中来回往复。错过的时光已随风而逝，无法找回，而人却总得面对醒来的一切。

古希腊诗人荷马曾经说过这样一句话：过去的事已经过去，过去的事

/ 第一章 让一切美好发生在现在 /

无法挽回。的确,昨日不管是喜悦还是忧伤,而今都已逝去,纵然还留有余温,但终会消逝。那我们何不好好把握当前,珍惜此刻拥有,干吗非得把大好的时光浪费在对以往的懊恼中呢?

失聪的贝多芬是遗憾的,可他却谱写出天下闻名的《第七交响曲》;断臂的维纳斯也是有缺憾的,可她所呈现出的美却是令世人惊叹的。人生恰如长河奔流,或湍急,或舒缓,时而风和日丽,时而狂风暴雨。人生总有许许多多不如意事。如果我们都怅然若失,沉湎于遗憾,那人生之旅的丰富多彩、万种风情,不都只能是空中楼阁了?

一位左臂残缺的少年,渴望成为一名摔跤大师,他去找过很多教练却都被拒之门外。最后终于有一位教练愿意救他,却只教他一个动作,并让他天天重复训练这个动作。他很不理解,就问教练何时才能让他学习别的动作。

教练没有正面回答,只说了句:"你先努力把这个动作练好。"后来,在比赛中,他只用这一招连克数敌,最终获得冠军。他非常高兴却又大惑不解,就跑去请教教练,教练回答:"因为对手要破这个动作,唯有抓住对方的左臂。"

缺憾有时也是一种优点,重要的是,你能否用一颗乐观的心去挖掘出它的美丽。有歌曲这样唱道:如果生命,没有遗憾,没有波澜,你会不会,永远没有说再见的一天。可能年少的心太柔软,经不起风经不起浪,若今天的我能回到昨天,我会向自己妥协。我在等一分钟,或者下一分钟,看到你闪躲的眼,我不会让伤心的泪挂满你的脸……

美丽如果太单调,反而容易被人们遗忘,艺术如此,生活亦然。我们可以搜索一下自己的记忆,会发现那些记忆犹新的事物实际上并不是那些真正完美的事物,正如我们当初错过了一份美好的感情,如今每每想起来都备感心酸。那些阴差阳错的遗憾就这样沉淀成了一种美丽的情愫。

遗憾在人生中不断地出现，人生也是因为有了各种各样的遗憾才变得精彩纷呈。如果你无法放手，那么遗憾终究只能带给你无限的懊恼，让你错过更多的美好与幸福。如果我们已错过太阳，又怎能因这遗憾的悲伤而再次错过星星与月亮呢？学会放手，让遗憾成为记忆中美丽的红色玫瑰，让遗憾成为生命中独特的光彩，如此，我们才能继续勇敢前行，才能以豁达的心境去发现生命更多的精彩！

- 3 -

享受是生活的要义

有人说过这样一句话：我们从起点出发的时候，知道自己的目标是什么。可是走得远了，就忘记了当初为什么而出发了！

人们总以为生活是一场赛跑，只有跑到别人前头，才能获得最终的胜利。但"胜利"究竟是什么呢？忙于奔波的人们总是说，自己是为了更好的生活而努力，但在无尽的追赶中，已经疲于奔命的我们真的还记得美好生活是什么模样吗？

智者看见一个人行色匆匆、急急忙忙地赶路，便把他叫住，问："你到底在追赶什么呢？"

"我要赶上生活。"这个人头也不回、气喘吁吁地回答。

"你怎么知道生活就在前面？只顾着拼命往前跑，一心一意想赶上生活，为什么不看看四周呢，问问自己生活究竟在哪儿？或许，它还在后面追赶你呢！只要静下心去发现，生活就能与你会合；你现在越跑越快，是在拼命逃离自己的生活啊！"

故事中那个拼命追赶生活的人，实则是生活中不少人的缩影。他们早已忘记日出而作、日落而息的悠闲，让人生之旅的这一趟列车以最快的速度疾行，让生命在奔忙中消耗，自己的精神也在快节奏的生活中趋于紧张，甚至麻木或崩溃。

忙，是现代大部分人的生活常态；累，更是现代人的口头禅。放眼望去，世间太多人为了换取生活的保障而不停歇地工作，即便是衣食无忧也不愿停下自己的脚步，仿佛这才是印证活着的方式，尽管内心有个声音在不停地呼喊：我已经厌倦了。

或许，身边会有人提醒他们："不要为了生活而生活，要学会去享受生活。"可听到的答案往往是："我也愿意享受，可享受需要时间和资本。"于是，就如同一首老歌所唱的："我想去桂林呀我想去桂林，可是有时间的时候我却没有钱；我想去桂林呀我想去桂林，等到有了钱的时候我却没时间……"有时间的时候我们抱怨没有钱去享受，有了钱却又开始抱怨没有时间去享受，可即便真等到有钱又有时间了，谁又敢保证那时候的自己还有可以享受的生命呢？

其实，幸福与快乐并没有什么固定模式，只要保持着一种淡然、乐观的心态，以正确的方式去创造生活，那么在这个过程中你一定能享受到快乐和幸福。当然，若是你用所有的时间和精力去换取金钱，奢侈地消耗生活，那就不要再抱怨生命给你的不够多了，只能说是你自己放弃了生活的享受。

她叫包希尔·戴尔，眼睛几乎什么也看不见，可她的生活却丝毫不像人们所想象的那样糟糕。因为她有一个信念：不管是谁，只要来到了这个世界上，那就是合理的。她经常说自己相信有所谓的命运，可她更相信快乐，即便是在厨房的洗碗槽里，她也依然可以寻求到快乐。

包希尔·戴尔的眼睛，处于几近失明状态已经很久了。她曾在自己的著作《我要看》一书中这样写道："我只有一只眼睛，而且还被严重的外伤给遮住，仅仅在眼睛的左方留有一个小孔。所以每当我要看书的时候，我必须把书拿起来靠在脸上，并且用力扭转我的眼珠从左方的洞孔向外看。"尽管事实如此，可她不喜欢别人同情自己，更不希望别人把她当成一个异类。

当包希尔·戴尔还是个小女孩的时候，她渴望跟其他的孩子一同踢石子，可她的眼睛看不到地上所画的标记，根本没有人愿意带她玩。于是，她就等到其他的孩子都回家之后，趴在他们玩耍的场地上，沿着地上所画的标记，用眼睛贴着它们看，并把场地上所有相关的东西都默默记下来，那些标记慢慢就印在她心里了。之后不久，她神奇般地成了踢石子游戏的高手。

当别的孩子都走进学校的时候，包希尔·戴尔只能在家里读书。她总是先把书本拿去放大影印之后，再用手将它们拿到眼前，用几乎是贴到眼睛的距离看，每次她的睫毛都会碰触到书本。在如此艰难的情况下，她竟然获得了两个学位，一个是明尼苏达大学的美术学士，另一个则是哥伦比亚大学的美术硕士。

终于，在她52岁那年，奇迹发生了，她在一家诊所做了一次眼部手术，没想到这次手术让她的眼睛能够看到相比从前视距40倍远的地方。当她在厨房里做事的时候，她觉得即便在洗碗槽内清洗碗碟，也非常令人激动。她说道："当我在洗碗的时候。我一面洗一面玩弄着白色绒毛似的肥皂水，我用手在里面搅动，然后用手捧起了一堆细小的肥皂泡泡，把它们拿得高高的对着光看，在那些小小的泡泡里面，我看到了鲜艳夺目好似彩虹般的光彩。"

当她从洗碗槽上方的窗户向外面看去的时候，出现在她眼前的是一群

/ 第一章 让一切美好发生在现在 /

灰黑色的麻雀在下着大雪的空中飞翔。她是那样愉快、那样忘我地观赏着肥皂泡泡和窗外的麻雀,她在书的结语中写道:"我轻声地对自己说,亲爱的上帝,我们的天父,感谢你,非常非常地感谢你!"

生命是一个过程,而不是一个结果。生活最美好的地方在于你生活于世上所经历的每一分每一秒。与大多数人相比,包希尔·戴尔是不幸的,但她的生活却比许多人都要幸福得多,因为她能用心去享受生活中每一刻的幸福与快乐。我们已经生活在一个美好的乐园里,为何还要蒙上双眼,匆匆前行,却从不懂得欣赏和享受周围的阳光与芬芳呢!

其实,用心体会,你就会发现生活中许多有价值的事情值得去做,许多美丽的过程需要去感受,岁月已经太匆匆,别在慌忙的追赶中,遗失了生活的真谛。

吴淡如说:"当我发现一个人的我依然会微笑时,我才开始领会,生活是如此美妙的礼物。喝一杯咖啡是享受,看一本书是享受,无事可做也是享受,生活本身就是享受,生命中的琐碎时光都是享受。"

生活是什么?生活就是我们生存于世上所经历的每一分每一秒。生活没有一个固定模型,幸福也不全都是一个模样。不要在意享受的定义,要知道,享受生活的方式有很多,因为生活本身就多姿多彩,关键在于你如何选择、如何对待。你可以在夜晚放下一天的忧虑,听上一段轻音乐,看上几页喜欢的书,又或者在周末约上好友去品尝美食,在假日里来一次说走就走的旅行……

惬意自在心中,享受就在身边。放慢你的脚步吧,看一看周围。停下你急匆匆的步伐吧,享受一下生活,唯有如此,你的人生才不算虚度。

- 4 -

幸福就像狗尾巴

幸福是什么？一千个人大约有一千个答案。

对于有的人而言，幸福就像家常便饭，一个微笑，一个拥抱，都是满满的幸福；

对于有的人而言，幸福却是件奢侈品，昂贵无比，哪怕倾尽家财，也难以触及一二。

有一天，小猪问妈妈："妈妈，幸福究竟在哪里？"

猪妈妈回答："孩子，幸福就在你的尾巴上。"

小猪听了妈妈的话，扭着身想要抓住自己的尾巴，可是它的身子太胖，尾巴太短，它在原地一圈圈地转，转得头昏脑涨，还是碰不到尾巴，最后，它急得哇哇大哭。

一旁的猪妈妈慈爱地说："傻孩子，不要这么着急，幸福不是一直跟在你身后吗？"

"幸福究竟在哪里"，每个人都问过这个问题。猪妈妈给出了一个哲理性的回答："幸福一直跟在身后。"是啊，幸福就像是你调皮的小尾巴，看似遥远，实则一直在身边。你似乎永远也难以抓住它，可当你昂首阔步向前时，它却又时时跟在你的身后。幸福是一种心情，它来源于自己的内心。

/ 第一章 让一切美好发生在现在 /

许多人都曾像小猪一样，苦苦追寻，试图抓住幸福，却忽略了，幸福其实一直跟在我们身后。

余秋雨先生在一篇文章中曾说，随着年岁的增长，越来越觉得人并不是为自己活着，而是为身边的人活着，可旧日的同学朋友却越来越远。有时候走在大街上，总希望身后有个人伸出手捶自己一下，然后说："吓一跳吧！好久不见了！"但每次上街，都遇不到这样的人，总会有些惆怅。年轻的时候，觉得幸福在前方，必须努力冲刺才能得到，年老的人却知道，只有来自身后的幸福才是实实在在的。我们喜欢向前看，喜欢左右观望，却不会想想身后有多少被自己错过的东西。

一个旅行家在回顾自己的一生时曾这么说道："我是个环游世界的旅行家，我去过无数的国家、无数的城市，我曾在无数个旅馆居住过，现在我老了，才发现最好的旅馆，也比不上一个简陋的家。年轻时候我娶过一个贤惠的女人，有个温暖的家，可是为了事业，我把它们都扔在身后，现在，我很后悔当时的决定，一个人没有家，他永远只是一个流浪者，如果让我再年轻一次，我首先要看的不是眼前的风景，而是身后的家。"——前方未知的景色是丰富多彩的，许多人被那美景迷了眼睛，总以为那里就藏着渴望已久的幸福，却忽略了一直在身后的景色、一直在身边的人，其实，那才是我们最应该珍视的幸福。

达丰物流是江浙地带数一数二的货运公司，老板罗成最近却因过度劳累住进了医院，在病床上，他坚持翻阅文件，他的三个秘书每天都要夹着公文包到病房前排队，轮番向他汇报公司的情况。罗成每天都要问主治医师十几次："我什么时候可以出院？"主治医师无奈地说："住院是为了休息，如果我现在让你出院，很快你又会进来。不如这样吧，我有一个退休的同事，是个非常厉害的医生，我请他来看看你的病吧。"

第二天，罗成正在和秘书谈论公事，主治医师带来一个神采奕奕的老人。罗成"结束办公"，对老人说："不好意思，我实在太忙了。没办法，公司上上下下的事都要我打点。"老人说："既然公司上上下下的事都要你打点，让你连休息的时间都没有，雇那么多员工做什么？"罗成哑口无言。

老人继续说："你这样成功的商人，家里的房子一定很大吧？"

"我的房子是一栋独立的别墅，二层，还有一个很大的后花园。"

"你的后花园种了什么？"

"我每天半夜才回家，不知道后花园有什么。"

"如果你能保证，从今天开始，每天按时回家，在后花园待上一个钟头，不想工作的事，你现在就可以出院，否则，你就一直在病房里休息吧。"为了尽快出院，罗成答应了老医生这个奇怪的要求。

一个月后，罗成回到医院复诊，这时候的他红光满面、神采奕奕，和一个月前相比，就像变了一个人似的。他感激地对主治医生说道："您那位同事真是神医啊，过去这一个月，我都按照他的吩咐做了，起初我感到很无聊、很烦躁。后来，我渐渐注意到花园里的花真的好看，飞舞的蝴蝶让人心情愉悦，和妻子一起吃饭也变得温馨有趣……现在，我不仅感觉身体越来越好，心情也越来越好，似乎连工作效率也都提高了！"

现实生活中，像罗成这样为了事业而忘记休息的人非常多。老医生开出的药方看似奇怪，但实际上是要让像罗成这样的"工作狂"暂时忘记繁重的工作，用心去感受生活的另一种面貌。当罗成真正坐到后花园静下心，看看花园里的植物和风景时，才终于领会到老医生的良苦用心——生活中有很多未被发现的美，就藏在被人们忽视的角落。

生活的意义不应该只是得到财富，过分追求物质生活。因为一个人精力有限、时间有限，一旦他过分地追求物质，精神世界就会变得贫瘠，而长时间缺少精神享受，也会导致身体的劳累，人们常说的"积劳成疾"，并不仅仅指身体的疲劳，精神处于长期的高度紧张也会导致许多心理疾病。

我们追求物质，最终其实都是为了得到幸福，但很多时候，在无尽的物欲追求中，我们也恰恰最容易把幸福弄丢。这个世界上，最有钱的人未必就是最幸福的人，富翁脸上的笑容，也未必就比流浪汉脸上的笑容更灿烂。

　　幸福是一种感觉、一种心情，它时时伴随在你的左右，只要你停下匆匆前行的脚步，用心去感受，就能嗅到幸福的味道。就像罗成，他有一个很不错的花园，只要他愿意坐下来，就能看到各种各样繁盛的花草，树木因季节变为不同的颜色，清风吹来草木清新的香气……这些都能抚慰人疲劳的神经、舒缓紧绷的大脑，让一个人的心情变得诗意，暂时忘记烦恼，所谓"偷得浮生半日闲"，这不也是一种惬意的幸福吗？

- 5 -

没时间，不过是一个偷懒的借口

　　很多现代人的生活都可以用三个字来总结——"没时间"。

　　想去旅游，可是要上班，没时间；想去探望父母，可是要陪客户吃饭，没时间；想学习一门新课程，可是要做计划书，没时间……想做的事情太多太多，却只能想想，因为没有时间啊！可是，仔细想想，那些你想做却始终没有去做的事情，真的是因为没时间吗？

　　华生教授在一所大学教授心理学，他发现很多学生上课时候无精打采，当他找来这些学生询问他们为什么不好好休息时，他们都异口同声地说："教授，我们没有时间！"

这一天，华生教授找来这些学生，拿出一个烧杯，在烧杯里装满石头，问学生们："你们觉得烧杯是不是满的？"

"是满的！"学生们说。

华生教授又拿出一袋沙子倒进烧杯，他对学生说："你们看，烧杯还有空隙，你们说它现在满了吗？"

"完全满了！"学生们说。

华生教授又拿出一杯水倒进烧杯，又问："现在你们还认为烧杯是满的吗？"学生们不说话了。华生说："你们总说自己没时间，其实时间总会有的，关键在于你们会不会安排。"

有人说，城市越大，生活节奏就越快，幸福指数也就越低，因为你总是忙着追赶生活的节奏，却没有时间去做那些自己真正想做的事情。你真的没有时间吗？我们就像华生教授的学生一样，总是高喊着没时间，但教授却告诉我们：学生们的问题不是没有时间，而是不会合理安排时间。

一个烧杯之所以能装很多东西，关键在于你如何去安排、去摆放，其实我们的时间也一样。当你做事没有轻重缓急，也不知道某些事情可以同时兼顾的时候，时间自然就被白白地浪费了；如果你能按照事物的性质安排好做事的时间，就能得到事半功倍的效果——就像那个烧杯，装下石头和沙子时，看似已经满了，但实际上却还能装下更多的东西。可见，只要安排得当，每个人都有充足的时间去做自己真正想做的事情。

现代生活为人们提供了各种便利，交通工具的提速让世界不断缩小，过去需要几个月的路程，现在只需要几个小时。过去做一顿饭需要几个小时，现在用微波炉只需要几分钟。可是，人们却仍然觉得没有时间，过惯了快节奏的生活，现代人也开始跟着时代一起盲目奔跑，忘记了时间是无价的资产，需要用心管理，才能够被有效利用。

究竟怎么样才能有效利用时间呢？意大利经济学家巴莱多提出过一个"二八定律"。巴莱多认为：生活中百分之八十的成果来自百分之二十的活动。这就是说，生活中只有百分之二十的事，是我们取得成功的关键，如果我们能把精力放在这百分之二十的事情上，就得到了掌握时间的秘诀。那么，怎样寻找这"百分之二十"呢？

一个成功的商人正在接受记者的采访，记者问："先生，我们都知道您的成就，更佩服您在六十五岁高龄，仍然这么神采奕奕，请问您的养生秘诀是什么？"

"我没有什么养生秘诀，该工作的时候，我就工作，该休息的时候，就去休息，如果非要说我和别人有什么不同，我想是因为我有一个独特的习惯。"

"请问您有什么独特习惯吗？"记者问。

"每隔一段时间，我就会到郊区的墓地散散步。"

"到墓地散步？您的爱好真的很独特！"

"每当我看到一座座墓碑，想到那些躺在地下的人，我就会想，有一天我也会和他们一样躺在棺木里，然后我就会明白时间的重要、生命的重要，从而更加珍惜我的生活。所以在我工作的时候，我想的是提高效率，在娱乐的时候，我能够尽情欢乐。即使工作再忙，我也会打电话问候亲人，这就是我的养生秘诀。"

去墓地散步体会生命的重要，这让商人更加珍惜生命、珍惜时间。在商人看来，生命中最重要的"百分之二十"，就是他的生活，在工作的时候，他会想到人生苦短，想方设法提高自己的效率，在娱乐的时候，又能尽情享受，在忙碌的时候，他不忘兼顾自己的家庭，这就是有价值地利用了所有时间，让每一秒钟都有所收获。

人的生活需要一个中心，所有活动都围绕这个中心展开，这个中心就是那"百分之二十"。把事业当作中心的人，他的所有行为都与工作有关；把艺术当作中心的人，开口闭口都是艺术；把爱情当作中心的人，为了爱情可以不顾一切……当我们明确生命中最渴望的东西是什么，明确了这"百分之二十"之后，自然就能合理分配精力与时间，又怎么会"没有时间去做想做的事情"呢？每个人的"百分之二十"都是不一样的，正如每个人对于幸福的渴望都不一样。当你感到没有时间，当你觉得生活除了忙碌再也没有任何其他东西的时候，很显然，你还没有找到生命中的"百分之二十"。

高喊没有时间的人，往往是什么都想要、什么都放不下的人。但事实上，这样的人其实根本不了解自己的需求，根本不知道自己真正想要的是什么。当你静下心来，去聆听心灵的需求时，当你明白自己真正想要的是什么时，自然会想出各种办法来让自己"有时间"。懂得管理时间的人，更懂得生命的真谛——当我们删去不必要的事务，剩下的时间，就可以全心全意地做那些最重要的事。

- 6 -

内心知足，人生从容

快乐与拥有似乎总是不成正比，有的人明明拥有了一切，却总是呻吟着自己的痛苦与绝望；有的人明明家徒四壁，却依然可以在阳光下笑靥如花。殊不知，所有的不快乐其实都来自不知足。

渴望着不曾拥有的，却忽略手中紧握的；追求着远方虚幻的，却不曾垂怜身旁实实在在的。正所谓"欲壑难填"。人一旦陷入欲望的沟壑当中，

/ 第一章 让一切美好发生在现在 /

就会变得倍加贪婪。无休无止的欲望控制着人们的思想和行为，使人们永远不懂得适可而止，总认为自己的付出与获得不成正比，总希望以最少的成本获得最大限度的回报，在不停地索取与追逐中越陷越深，却始终无法感到丝毫的快乐。

有这样一个典故：

不知在几百年前，有一个名叫"象"的人，家中十分贫穷，经常食不果腹、衣不蔽体。为了维持生计，象每天都不得不到后山去砍柴，然后卖给邻居们，以获取微薄收入。

又是一年飘雪时，天气异常寒冷，可是象还是要和往常一样到后山去砍柴。走在上山的路上时，他忽然在一棵树底下看到一条冻僵了的蛇。看到蛇可怜的样子，象把它带回了家，放到屋子里最暖和的地方。没多久，蛇苏醒过来了。

蛇很感激象的救命之恩，于是答应象，愿意帮他实现任何愿望。

象一时间若获至宝。一段时间过去了，象只是要求每天能有简单的衣食，蛇都一一满足了他。

后来有一天，象所生活的这个国家的国王生了一种重病，需要以蛇的眼睛作为药引。于是，国王下旨悬赏寻找蛇眼，承诺如若谁能够找到蛇眼，就会得到高官厚禄以作为奖赏。

悬赏通告很快就下发到各地，象也看到了这则通告，他立刻想到了自己救过的那条蛇。于是他找到蛇，并说明了自己的来意。

蛇毫不犹豫地答应了象的要求，取下自己的一只眼睛给了象。象把蛇眼献给国王，获得了高官和厚禄。

就在这个时候，国王最喜爱的一位公主又生病了，太医说需要蛇肝才能医好。于是，国王再次下旨，承诺能找到蛇肝者将被招为驸马。

象又去找蛇。蛇于是张开嘴，让象拿着刀子爬进去割下一块蛇肝。蛇肝治好了公主的病，象成了人人羡慕的驸马。

有一天，象在向国王问安的时候，国王突然对他说，蛇肝真是个好东西，如果平时也能够常常吃到一点，说不定还能够强身健体呢。

为了讨好皇帝，象再次找到蛇。蛇还是张开嘴，让象爬了进去。这一次，象进去后想多割一些下来。结果蛇太疼了，一下子昏了过去，嘴也合上了，象被闷死在了蛇的肚子里，再也出不去了。

看完这个故事，你是否想到了一句话——"人心不足蛇吞象"。贪欲就像一个无底洞，不管你投入多少东西，都无法填满这个洞。而人一旦陷入这个洞中，便只能被无尽的黑暗与空虚所吞没，再也无法看到快乐的曙光。要想真正地享受人生的乐趣，就应该做到知足常乐，因为知足是根、常乐是果，知足弥深，常乐的果才会丰硕而甜美。也只有真正做到知足，人生才会多一些从容和达观，从而才会常乐。

在物欲横流的今天，总有人认为"知足常乐"是一种不思进取、停步不前的思想方式，是不值得提倡的，事实上，这是因为他们错误地理解了"知足"的真正含义。所谓"知足"者，是知道"足"与"不足"的区别，而非简单地把"知足"理解成"容易满足"。

知足能使人不为物质所役，懂得"够用就好"的道理。伟大的科学家爱因斯坦曾用一张大面值的支票作为书签，结果不小心弄丢了那本书。对此，他一笑了之，并未将生命与时间浪费在失去的痛苦与悔恨中。

一把躺椅、一杯清茶、一本好书，某人就能常乐；住上别墅、开上跑车、享受着美味，某人却依然不乐，此皆因知足否。

网上有首《知足常乐》的歌谣，非常值得玩味。其中几句歌词曰：

"想想疾病苦，无病即是福；想想饥寒苦，温饱即是福；想想生活苦，达观即是福；想想乱世苦，平安即是福；想想牢狱苦，安分即是福；莫羡人家生活好，还有他家比我差；莫叹自己命运薄，还有他人比我厄……"

在这个世界上，你拥有得再多，总有比你拥有更多的人；你过得再不幸，同样也有比你更不幸的人。眼睛总是看着别人的幸福，想着自己没有的东西，又怎么会感到快乐呢？知足是一种对现有收获倍加珍惜的心态，是一种对目前成果尽情享受的胸怀；知足，是人们认识社会，把握心态的一种智慧。知足者，方能常乐。

知足与否是由不同的欲望层次所决定的。在生活节奏逐渐加快、各种压力不断增大的今天，知足常乐，就是对当下的肯定。

当我们能真正做到知足时，便可以从纷纭世事中解放出来，独享个人妙趣融融的空间。对内发现自己内心的快乐因素，对外发现人间外物的真爱与秀美。对事，坦然面对，欣然接受；对情，琴瑟和鸣，相濡以沫；对物，能透过下里巴人的作品，品出阳春白雪的高雅。如此，对于风雨兼程的我们来说，便有一个宁静、温馨的避风港口，足以让我们常常喜乐。

- 7 -

生活最好的状态，是刚刚好

欲望就像一把利剑，它能为你披荆斩棘，开辟一条名为"未来"的道路；但也可能伤人伤己，让你的世界变得面目全非。每一把剑都应有剑鞘，在适当的时候收敛锋芒，而我们内心的知足就是欲望的剑鞘，让欲望能够固定安放。只有把控住"知足"这柄剑鞘，我们才能掌控欲望，将它打造成一柄真正的"绝世名剑"，也才不会沦为被欲望操控的奴隶。

几名游客在江边欣赏景色时，一名老者正在岸边垂钓。只见他突然一扬竿子，一条大鱼上钩了，足有两尺多长！大鱼落在岸上后，仍腾跳不止。游客们都露出了艳羡的神色，可是垂钓的老者却用脚踩着大鱼，解下鱼嘴内的钓钩后，顺手将鱼丢进了河里。

周围围观的人一阵惊呼，这么大的鱼还不能令他满意，可见垂钓者野心之大。就在众人屏息以待之际，老者鱼竿又是一扬，这次钓上的只是一条一尺长的鱼，老者仍是不看一眼，顺手扔进河里。游客们满脸不解。

第三次，老者的钓竿再次扬起，只见钓线末端钓着一条不到半尺长的小鱼。围观众人以为这条鱼也肯定会被放回河里，不料老者却将鱼解下，小心地放到了自己的鱼篓中。

游客百思不得其解，就问老者为何舍大而取小。老者回答说："喔，因为我家里最大的盘子也不过只有一尺长，太大的鱼就算钓回去，盘子也装不下，所以只好要小的，其实小鱼挺好，做起来也没那么麻烦呀。"

人人都想钓大鱼，却忘了自家的盘子究竟有多大。鱼就是我们的欲望、我们的利剑，当欲望的大小超过我们的承载能力时，欲望便只能带给我们无穷无尽的麻烦与痛苦了。故事中的老者充满了智慧，对他而言，最好的鱼，就是大小刚刚合适的鱼，这样的鱼摆在盘子里好看，也足够为一家人添上一道菜。

克制欲望最简单有效的办法，就是需要多少拿多少，拥有多少用多少，知足常乐，有一份知足的心态，才能时时感受满足的喜乐。无论环境、能力如何，自己都应该清楚自己需要多少东西，超过了就是负累。人的疲惫往往就是因为总把负累捡回了家，但实际上，这些负累除了带来物欲的烦恼之外，并没有其他用处。生命最好的状态不是"无穷尽"，而是"刚刚好"，任何多余的事物于我们而言都是毫无价值的，懂得知足，拥有"刚刚好"的人，才真正懂得生命的真谛。

心宽的人才会知足，因为他们不会总把自己的生活去与别人比较。我们知道，很多人的不满足，并非真的是因为自己拥有得太少，而是因为看

/ 第一章　让一切美好发生在现在 /

到了别人拥有更好的房子、更棒的车子……于是在不断的比较中，否定了自己原本拥有的一切，正是这种攀比的意识，让许多人过分沉迷物欲而无法得到满足。过日子其实就是量体裁衣，再华美的衣物，如果不能和你的身材相契合，即便勉强穿上，也不会好看和舒服。

　　安琪是个漂亮清秀的姑娘，她有一个高大帅气的男友。

　　大学毕业之后，安琪进入了一家外企工作，在那里，安琪认识了许多漂亮时尚的同事，这让她突然感到有些无所适从。

　　以前在学校的时候，安琪是校花，但现在在公司里，安琪却似乎显得普通了许多。那些女同事们每天都化着精致的妆容，有着时下最受人青睐的双眼皮、锥子脸，而且手里总拎着最新款式的名牌包包……

　　安琪总忍不住把自己和这些女同事们相比，越比就越觉得自己像只"丑小鸭"。渐渐地，安琪变了，她开始迷恋上奢侈品和整容，还整天抱怨男朋友赚钱太少。最后，男朋友因为无法忍受安琪而和她分了手。

　　几年后，安琪已经如愿变成了和公司里的女同事们一样漂亮高傲的都市女郎，拥有了许多昂贵的包包和一张流行的锥子脸。此时，安琪的前男友也已经有了新的女友，并且打算步入婚姻的殿堂。

　　在前男友的婚礼上，安琪看着站在男友身边那个长相清秀笑容甜蜜的女孩，突然感觉心里一阵空落落的。她低下头看看手上提着的限量版名牌包包，心里却只觉得一阵迷茫，她真的喜欢这些东西吗？到底是从什么时候开始，一切都变了呢？

　　但逝去的幸福已经回不来了，曾经最深爱的人已经牵上了别人的手，而安琪，手里只剩下那些虚无的欲望了。

　　欲望总是能轻而易举地蒙上我们的眼睛，让我们忘记自己拥有的珍贵。安琪曾是幸福的，但攀比和欲望却让她陷入了不满足的痛苦之中，在追逐这些欲望的时候，安琪却把自己真正的幸福给丢了。在生活中，像安琪这样的人很多，明明已经拥有了幸福，却在不断的比较中弄丢了最初的珍贵。

物质的欲望不应该凌驾于生活之上，它只是生活的附属品，它的作用是为我们提供衣食住行，而生活本身，有更多更有意义的事等待着我们去追求。不要总把你的目光放在别人身上，攀比是一场永无止境的奔跑，别在不停的奔跑中落下了身边真正的幸福。停下来，看看自己身边的一切，看看自己手中紧握的东西，珍惜拥有，才能真正享受生命，才能抓紧幸福。

- 8 -

用来羡慕他人的眼睛，看不见自己的精彩

"你站在桥上看风景，看风景的人在桥上看你。明月装饰了你的窗子，你装饰了别人的梦。"这是"新月派"诗人卞之琳所写的一首诗，也是许多人真实的人生写照。

在现实生活中，我们常常会羡慕别人，总觉得别人的生活似乎更加幸福、更加愉快、更加接近我们的理想生活。"别人"之于我们，就好像是那轮明月，总是吸引着我们的目光，让我们艳羡不已。然而，谁也不是真正地生活在无烦恼的天堂之中，那个你羡慕的人，何尝不是在羡慕着他人呢；你或许不知道，此时你正度过的平淡无奇、漫不经心的生活，又有多少人偷偷地羡慕着。就如诗中所描绘的场景：你看着明月的时候，或许正有人看着你。

在日常生活中，我们总是习惯与别人进行攀比，比谁的衣服好看，比

谁的房子更大，比谁的老公优秀，比谁的工作更好……我们总是不知不觉把幸福与快乐建立在了攀比之上，让生活成了一场只有胜负的比赛。然而，当我们在与别人攀比的时候，往往容易对自己已经拥有的东西或事物视而不见，这样自然就很难快乐起来。

但生活并不是一场竞赛啊，幸福也并非胜负所能决定的。收敛起比较的目光，用心去感受自己所拥有的一切，你一定会发现，其实最精彩的生活一直就握在我们自己的手中！

有一个善良的农夫，终日以砍柴为生。一天，他背着砍完的柴沿道路回家，路上看到一只受伤的小鸟可怜兮兮地躺在石头上。

这只小鸟非常漂亮，羽毛发出耀眼的银光。农夫非常喜欢它，就将小鸟带回了家。在他的悉心照料下，没多久小鸟就痊愈了。

小鸟在疗伤的过程中，对农夫产生了依恋和感激之情。先前，它能为农夫做的，就是每天唱美妙的歌曲逗他开心。

可是有一天，邻居就告诉农夫："你这只鸟有什么好呀，我听说山上有一种浑身都长着金色羽毛的鸟，是世界上最金贵的鸟。"农夫听后便记在了心里，于是他每天到山上砍完柴就四处寻找那只有金色羽毛的鸟。

银色的鸟感觉到了农夫的冷漠，于是觉得农夫不再需要它，从此便不再唱歌了，最后更是伤心地离开了他。就在银色的鸟腾空飞起的时候，农夫却瞥见了它翅膀下的金色，原来这只银色的鸟正是邻居口中的金鸟啊！于是，农夫拼命地呼唤着那只鸟，可是它却越飞越远，再也不回来了。

世界上最珍贵的鸟儿已经在农夫手中，但可惜的是，他却为了寻找邻居口中所说的那虚无的"金鸟"，而忽略了已经拥有的鸟儿，最终失去了世界上最珍贵的鸟！

很多人或许都在嘲笑农夫的蠢笨，但在生活中，很多人又何尝不是和农夫一样呢？当我们艳羡别人的高职位高薪水时，是否忽略了自己所从事的工作给我们带来的乐趣与安逸？当我们艳羡别人的伴侣是"高富帅"或"白富美"时，是否忽略了为我们默默付出的爱人？当我们艳羡别人出身富贵赢在起跑线上时，是否忽略了看似平凡的父母对我们伟大的付出？很多时候，最珍贵的东西其实已经掌握在我们手中，只是有时，攀比和欲望蒙住了我们的双眼，才让我们对幸福视而不见。

弱水三千，能捧掬而饮的不过一瓢。每个人都有自己的喜乐、自己的伤悲，当你对自己所拥有的一切熟视无睹而羡慕着别人的幸福时，你可知道，在你身后，又有多少人羡慕地看着你拥有的生活？

张爱玲说，人生总有红玫瑰和白玫瑰。选择了红玫瑰的人，最终总会羡慕白玫瑰的纯净洁白；选择了白玫瑰的人，却又会思念红玫瑰的热情娇艳。人生不可能同时走在两条路上，你羡慕别人拥有的东西时，你可知道，你也正拥有着对方不曾拥有的独一无二的人生。

幸福不需要攀比。从现在开始摆正你心中的那根杆秤吧。不要过分地拿他人光鲜的表面与自己相比，要学会坦然接受，接受生活中的点点滴滴。如果一味地活在对别人的羡慕和对自己的不满之中，你只会陷入无尽的迷茫与混乱。世间万物都有自身独有的特点，少点比较，才能感受到生命的乐趣。

有位著名的华裔数学家，他在年轻时候赴美学习，22岁从美国加州大学毕业。同他一起毕业的很多同学，为了能赚更多钱而选择留在美国一些大公司和大企业工作。但他却放弃了这些机会，毅然决然地选择回到自己的祖国。因为他很清楚，自己热爱科学，热爱国家，他的梦想是成为一名国内一流的数学家。

刚回国的时候，他拿的工资少得可怜，甚至连供养家庭都感到困难。有时他也会觉得累，但即便如此，他也从未后悔过自己的选择，他一直坚持自己的理想，在数学研究的道路上艰难地前行着。

在他30岁的时候，他还依然买不起房子，生活依然平平淡淡，甚至有些窘迫。在过去的几年中,他和家人都住在租下来的地下室内,吃着最简单的饭菜,而那些当年与他一起毕业的同学,很多都已经月入几十万美元,有的月收入甚至都破百万了。

他看到同学的成就后,并没有因此就感到失落。他知道自己想要的是什么,他要朝着那个目标一步步地走下去。不管是高档的车子还是漂亮的房子,这些都不是他人生最渴望的追求。

在35岁的时候,他终于一举攻克了两道世界级数学难题,赢得了全世界的赞赏。

很多理想都是迷失在奋斗的路上;很多美梦都是消逝了追梦的途中。羡慕与攀比总是容易迷住我们的眼睛,遮挡我们的心灵,让我们最终丢弃最珍贵的渴望与梦想。这位数学家是难能可贵的,看到别人的成功,他没有羡慕,也没有眼红,更没有拿自己与他人进行比较,而是依然不忘初心,坚持着自己的理想,才取得了这样辉煌的成功。

很多时候,别人的生活也许看起来很辉煌,但那未必就适合你。每个人都有自己的精彩,不必用他人的成绩来衡量自己,也不必苛求自己去超越他人。当你羡慕着舞台上明星的光芒万丈时,你可知道,坐在你身后的观众,正悄悄羡慕着你优雅的背影。

第二章

欲望不是
生活的指引

人活一世,最怕丢失了本心,迷失了方向。
当我们的终点在北方时,
请不要因南方花儿的芬芳而驻足观赏,
也不要因人群的走向而孤独迷惘。
你我皆有内心期望抵达的远方,
千万别让贪婪的欲望遮住眼睛,忘记前行的方向。

- 1 -

比起坚持，你更应该学会放弃

　　山芋是口感润泽、营养价值颇高的食物，而刚刚出锅的山芋在飘出诱人清香味道的同时，也着实烫手。这时候，我们若是为了享受美味而抓住山芋就吃，不但会烫坏我们的手，也会烫坏我们的嘴。这样的事，有必要去做吗？

　　《老子》中有这样一句话："持而盈之，不如其已。揣而锐之，不可长保。金玉满堂，莫之能守。富贵而骄，自遗其咎。功成身退，天之道也。"

　　通俗地讲，这几句话的意思就是：当我们的手中握着丰盈的所得时，还不如适时停止；一个人的怀里如果揣着尖锐的东西，怎么能持续很久呢？即使是金玉满堂，人也不可能恒久守住的。富贵的人要是傲慢骄纵，那就是给自己留下祸根！一个人功德完满身退，去过减法的人生，这才是天道之长生的道理。

　　的确，当我们被美好的事物所诱惑，紧紧抓住而不肯放弃的时候，我们没有考虑到它可能带来的祸患，而当发现的时候却为时已晚了。美好的东西自然人人都想要，如果这件东西已经超出你的负担，那么拥有反而会成为一种束缚，甚至引来灾祸。就像美女人人都爱，但你如果已经拥有了家庭，却还想紧抓着美女不放的话，最后也只会伤人伤己，换来家庭的破碎。

　　某杂志曾刊登过这样一个漫画作品，内容是：一群猴子总去一个农户家偷粮食吃。这个农户为了不让猴子们偷吃，便想了个主意，就是在一个瓶口很窄的瓶子里放上很多白米，以此来引诱猴子，而又让它们干着急，吃不到。

　　猴子们果然中了农户的"圈套"，由于抓不到米，它们就一直和瓶子"较劲"。等天亮了之后，猴子们还在和这个瓶子较劲。农户看了，摇摇头暗自发笑。

　　生活中，很多人其实都在做着和漫画中的猴子一样的事情，把"认死理"的固执错当作一种执着和坚持。当然，执着与坚持并没有错，但若是明知道这种执着与坚持只会带来伤害，那我们为什么还要将精力浪费在根本不可能完成的事情上呢？明知不可为而为之，究竟是勇敢还是固执？是不是我们身处其中的时候，其实已经忘记了为什么要去"抓这把米"呢？

　　纵观古今中外，那些有所成者多是懂得该放手时便放手的人，放手有时反而让他们获得更多。例如，贝多芬减去了世俗的纷扰，在音乐的王国里尽情地欢快舞蹈；居里夫妇减去了名利的诱惑，在科学的世界里迈出了坚定的步伐；陶渊明减去了官场的束缚，在自由的南山中悠然采菊……他们正是因为将自己从欲望的囚笼中释放了出来，才能轻松地徜徉在人生边上，嗅着人间的芬芳。

　　王五最近总是无精打采的，觉得生活没劲透了。可他又不甘心一直这样下去，于是就找到镇上一个最有智慧的人来帮自己寻求解脱的办法。

　　当王五向智者说了自己的困惑和痛苦之后，智者微笑着地对他点点头，然后交给他一个篮子，并把他带到了一个富丽堂皇的宫殿里。智者对他说，可以往篮子里放任何自己喜欢的东西。

　　王五开心极了，他想这下自己该有享不尽的荣华富贵了，以后再也不会苦恼了。不一会儿，他就把篮子装得满满的。但此时，王五并不觉得开心，反而更加痛苦地抱怨起来：这篮子实在太小了，还有那么多自己喜欢的东西没有装下呢。

眼看着那么多诱人的宝贝还没装下，王五只得把之前装进来的东西丢掉一部分，然后再装他认为更有价值的东西。他就这样一直装上，丢下，再装，再丢……

看着累得满头大汗的王五，智者笑着问他是什么感受。王五苦着脸说："我现在觉得越来越重了，连走都走不动了！"

智者笑着对他说："知道这是为什么吗？就是因为我们的贪欲太强了，心里总是不能满足，才会不停地给自己增加负担。如果你把人生看作是一道'减法'，不要握着你认为的宝贝不撒手，那么你就会变得轻松了。"

听了智者的话，王五似乎悟出了什么道理，他把沉重的篮子放下之后，再抬起头看这些华贵的东西时，忽然觉得它们和自己曾经生活里的东西毫无二致了。

宝贝虽好，拿多了也只能变为沉重的负担。正如智者所言，我们往往被内心的贪欲所牵绊，以至于为了满足贪欲而不断给自己的人生加重追求的砝码，到头来却落得不堪重负。山芋虽好，出锅时也会烫手，吃多了其实也会胀气。

很多时候，我们自认为自己拿的是一件宝贝，但其实却是枷锁。当我们沉迷于"宝贝"虚妄的美好时，恰恰正是给自己设下了一个牢笼，禁锢了前进的步伐。飞蛾扑火看似壮烈，但最终的结局也只是在滚烫的火焰中化为灰烬罢了。

说到底，"烫手山芋"可不是那么好拿的。谁都不希望自己的生活像雨后的蜘蛛网一样支离破碎、残破不全。当你觉得手中香甜的"山芋"烫手时，与其强忍着痛楚，倒不如暂时放开固执的手，将它放下，你会发现，其实一切不过如此。

每个人来这世间走一遭，几乎时时刻刻都要面临放弃和争取的选择。我们应该明白，不是所有的坚持都能让我们到达胜利的彼岸，不是所有的获取都能让我们饱尝幸福的甘甜，也并不是每一个故事都有美丽的结局。比起坚持，我们更应该学会放弃，特别是那些"烫手的山芋"，握着它，早晚会让自己受伤和疼痛，别让欲望的执念伤了幸福的根本，到时悔之晚矣。

- 2 -

欲望让人不战而败

动物界有这样一种动物，它们常常不是死于自己的天敌，而是死于自己的欲望，它们就是北极熊。在北极圈里，北极熊没有什么天敌，但是聪明的因纽特人却可以轻易地逮到它。

因纽特人的方法很简单，他们先把北极熊最爱的食物——海豹杀死，然后把它的血倒进一个水桶里，用一把两刃的匕首插在血液中间。因为北极地区气温很低，所以海豹血液很快就能凝固，匕首就被冻在血中间，像一个巨大的棒冰。随后，因纽特人把棒冰倒出来，丢在雪原上。

嗜血如命是北极熊的一个特性。就算几公里以外有血腥味，北极熊依然会嗅到。当它闻到因纽特人丢在雪地上的血棒冰的气味时，就迅速赶到，并开始舔起美味的血棒冰。舔着舔着，它的舌头渐渐麻木，但是无论如何，它也不愿意放弃这样的美食。忽然，血的味道变得越来越好——那是更新鲜的血、温热的血。

原来，那正是它自己的鲜血——当它舔到棒冰的中央部分，埋在中央的匕首划破了它的舌头，温热的血冒了出来。此时，它的舌头早已麻木，

/ 第二章 欲望不是生活的指引 /

没有了感觉,而鼻子却很敏感,知道新鲜的血来了。于是不停地舔下去,这样舌头伤得越来越严重,血流得越来越多,最后它因为失血过多,休克昏厥过去。就这样,因纽特人不必花什么力气,就能将它捕获。

相比强大的北极熊来说,因纽特人是如此弱小。如果正面迎战,可以说,因纽特人是完全没有战胜北极熊的胜算的。然而,欲望这把利剑,却让北极熊不战而败。在生活中,恐怕没有人想成为嗜血而亡的北极熊吧,但在物欲横流的今天,许多人就像那个北极熊一样,因为那么一点点的贪念而被自己的鲜血引诱,坠入欲望的黑洞,最终被自己所舔舐的"棒冰"刺杀。

诱惑总是无处不在的,看似甜美的糖果,却可能藏着致命的毒药。那么,在面对那些形形色色的诱惑时,我们究竟该怎么办呢?要知道,我们是不可能让这些诱惑消失的。我们唯一能做的,就是控制自己的欲望,让自己在诱惑面前保持清醒的头脑,认清潜在的危险。

陈小列是一家服装公司的设计师,他得过几个奖项,在当地也算是小有名气。

在一次时装发布会的筹备过程中,有一家竞争公司的老总暗地里接洽陈小列,说非常欣赏他的才华,并且表示如果陈小列愿意到他们那里工作,可以成为首席设计师,而且薪水也会比现在的公司高两倍。但条件是,陈小列必须带着公司这一次时装发布会的设计图一块"跳槽"。

成为首席设计师一直是陈小列的梦想,更何况还有那么高的薪水,这对于陈小列而言,无疑是一个巨大的诱惑。但陈小列也知道,如果答应对方的要求,那么就意味着他将成为一个"小偷"、一个"叛徒",这也将成为他职业生涯的一大污点。

权衡利弊以后,陈小列断然拒绝了对方公司的笼络,并将此事告知了老板,严密防范对方窃取机密。陈小列也因为这件事得到了老板的赏识,此后,老板经常把一些重要的设计交给他完成,一年后公司的首席设计师跳槽了，老板自然而然地让陈小列当上了该公司的首席设计师，薪水也增加了不少。

天下从来就没有免费的午餐，当有人告诉你会无条件给你某些好处的时候，那么你就要小心了，你或许会因此而付出意想不到的代价。试想一下，假如陈小列一时没能克制住自己的贪欲，而是选择带着公司机密跳槽，那么，当对方把所求之事办成之后，他还会有如今的价值吗？再者，正如老祖宗所说的"一次不忠百次不用"，有哪个公司会放心去重用一个出卖公司利益的人呢？为了一时的好处，陈小列要赌上的，很可能是自己整个的职业生涯。

诱惑若是甜美的鲜花，那么这鲜花之下必然有着锋利的尖刺，当你因一时的贪欲而奋不顾身扑上去后，你所收获的，除了鲜花之外，还有鲜血淋漓的教训。因此，在诱惑面前，我们要时刻保持住清醒的头脑，看看自己是否有能力将这个好东西物尽其用，如果不能的话，不如断然放弃，否则就会像北极熊那样被自己的欲望所刺杀。

欲望是无穷无尽的，太多的人总是被过多的欲望所诱惑，结果总是跟在欲望后面跑来跑去，却什么都抓不到，什么都握不牢，只能两手空空地走完自己的一生。唯有知足者才能够认识到无止境的欲望带来的痛苦，不断的追逐带来的只有不断的失去和虚无，唯有珍惜拥有，才能真正体味生命中每一个瞬间的幸福。

伊索说过："许多人想得到更多的东西，却把现在拥有的也失去了。"这句话可以说是对得不偿失最好的诠释了。人生太多的不幸福都是来源于对"已失去"和"得不到"的执念，其实，我们辛辛苦苦地奔波劳碌又如何，最终真正能温暖我们身躯的，不还是这身朴素的衣服；真正能填饱我们肚子的，不还是眼前那口粗茶淡饭！

托尔斯泰曾经说过：欲望越小，人生就越幸福。人生最大的苦恼，不在于自己拥有的太少，而在于自己想要的太多。欲望本身不是坏事，但欲望一旦超过能力的负荷，就会构成长久的失望与不满。

因此，不管我们做什么，都要适可而止，把握有度。做能力所及的事，不要过于强求自己，放弃那些无止境的沉重的欲望，这样才不会徒增烦恼与压力，才能轻松享受生活，稳步取得成功。

- 3 -

别让名誉成为你的负累

俗话说"雁过留声，人过留名"，有机会成为英雄、名人，谁会想默默无闻地活一辈子呢？客观地说，求名也并非是件坏事，一个人有名誉感就有了进取的动力；凡事以适度为宜，求名心太切，受其诱惑，妄图功名，就容易心生邪念，走歪门，结果名誉没求来，却反倒可能臭名远扬，遗臭万年。

中世纪的意大利有一个叫尼古拉·塔尔达利亚的数学家，他热爱数学，才智过人，又十分勤奋好学，在国内的数学擂台赛上享有"不可战胜者"的盛誉。他经过自己的苦心钻研，找到了一元三次方程式的新解法。

这时，有个叫卡尔丹诺的人找到了塔尔达利亚，他是个医生，这份职业在当时非常高尚，数学是他的业余爱好。卡尔丹诺热心地向塔尔达利亚讨教，声称自己有千万项发明，只有三次方程式对他是不解之谜，并为此而痛苦不堪。

善良的塔尔达利亚被哄骗了，把自己的新发现毫无保留地告诉了卡尔丹诺。可谁知道，就在几天之后，卡尔丹诺突然以自己的名义发表了一篇阐述三次方程式新解法的论文，还大言不惭地宣称，这是他自己最新的发明，却只字不提塔尔达利亚的名字，这就是"卡尔丹诺公式"。卡尔丹诺担心塔尔达利亚指证自己，甚至暗地收买亡命徒秘密地将塔尔达利亚杀死了。

卡尔丹诺的这一欺世盗名、丧尽天良的无耻行径虽然在相当一段时期里欺瞒住了人们，但真相终究还是大白于天下了。现在，卡尔丹诺的名字在数学史上已经成了"数学骗子""剽窃者"的代名词。

客观地说，虽然卡尔丹诺做了这样无耻的事情，但他本人却也并非无能之辈，就他所取得的成就来说，已经让大多数人望尘莫及了。糟糕的是，人心不足，欲无止境，他过分追求功名利禄，妄图流芳百世，甚至不惜使用卑鄙的手段，以致弄巧成拙，美名变恶名，真是可悲。他因求虚名身败名裂的例子，确实发人深省。

美名，美则美矣！但对于那些还有一点正义感，有一点良知的人，面对不该属于他的美名，受之可以，坦然却未必办得到！得到的是美名，同时也是一座沉重的大山，一条捆缚自己的锁链，心中存有愧疚，那么早晚都会被压垮，被压得喘不上气来。

第二次世界大战期间，美军与日军在依洛吉岛展开了激战，最后将日军打败，把胜利的旗帜插在了岛上的主峰，心情激动的陆战队员们在欢呼声中把那面胜利的旗帜撕成碎片分给大家，以留作终生的纪念。

无疑，这是一个非常有意义的场面，后来赶来的记者打算用照相机把它拍下来，就临时找来六名战士重新演出这一幕。其中有一个战士叫海斯，他只是一个在战斗中表现很普通的人，可是由于拍摄了这张照片，他却成了英雄，在国内得到一个又一个的荣誉，他的形象印在邮票、香皂等上面，甚至他的家乡也为他塑了雕像。

第二章 欲望不是生活的指引

面对这一切,海斯的心是极为矛盾的:他一方面陶醉于周围众多的赞扬声中,一方面又怕真相被揭露,一方面又因为名不符实而陷入无止境的内疚、自愧之中。在这样的心理状态下,他只好每天用酒来麻醉自己,最终竟以死亡祭奠了对他充满赞歌的人世。

名誉之于海斯就是沉重的负担,他原本可以拥有积极向上的人生,原本可以轻松快乐地生活,却因为那独占荣誉的美名而折断了飞翔的翅膀。如果海斯不独占这些集体的赞誉,能够勇敢地站出来,打破这个美丽的谎言,那么或许结局也就不会如此书写了。君子求善名,走善道,行善事。小人求虚名,弃君子之道,做小人勾当。还是苏东坡先生说得好:"苟非吾之所有,虽一毫而莫取。"

名,是人生价值实现的重要标志,但应该做到取之有道,要名副其实。一个人的名声和成绩是否能够泽被后世,绝对不是仅靠自吹自擂、欺世盗名就能行得通的。真正取得过显赫成就却又视名声和荣誉为浮云的人,才活得真实、活得自在,也才更受世人称道。那些心怀大气的人都是这样做的,无论外界有多少诱惑,他们都会固守自己的人生原则,保持清醒的心智,不过分追求个人名誉,不为浮名遮望眼,忍名舍誉去贪欲,办实事、求实绩。

在这一点上,季羡林先生为我们做了良好的典范。

季羡林先生学富五车,满腹经纶,精通12国语言,他是深受众人敬仰的大师。但他从不图虚名,三辞"国学大师""学界泰斗""国宝"这三顶多少人求之不得的光荣桂冠,始终踏踏实实做学问,令人敬佩不已。

季羡林先生在《病榻杂记》中这样写道:"环顾左右,朋友中国学基础胜于自己者大有人在。在这样的情况下,我竟独占'国学大师'的尊号,岂不折杀老夫!我连'国学小师'都不够,遑论'大师'!""我一生做教书匠,爬格子。在国外教书10年,在国内57年。说我一点成绩都没有,那也不符合实际情况。但是，滔滔者天下皆是也，偏偏把我'打'成泰斗，我这个泰斗又从哪里讲起呢？""在一次会议上，北京市的一位领导突然称我为'国宝'，我极为惊愕，大感不解。是不是因为中国只有一个季羡林，所以他就成为'宝'。但是，中国的赵一钱二孙三李四等等也都只有一个，难道中国能有13亿'国宝'吗？""为此，我在这里昭告天下：请从我头顶上把这三个桂冠摘下来。"

"三顶桂冠一摘，还了我一个自由自在身。身上的泡沫洗掉了，露出了真面目，皆大欢喜……"季羡林先生如是说，"学术是老老实实的东西，不能掺半点假，沽名钓誉。通过个人努力或集体努力，老老实实地做学问，得出的结果必然是实事求是的。这样做，才算是有学术良心。"

一个真正有能力的人，是不会被名利所累，不会为浮华所惑的，季羡林先生就是如此。面对"国学大师""学界泰斗"和"国宝"这三顶人人求之不得的高帽子，季羡林先生却始终不为所动，只为求得"一个自由自在身"，正是因为拥有不慕虚名的风骨，季羡林先生也才能心无旁骛，一心一意做学问，成为了名副其实的国学大师。

庄子曰："至人无己，神人无功，圣人无名"，意思是，"修养最高的人忘掉自我，修养较高的人无意追求功业，有学问道德的人无意追求名声"。功名是虚浮之事，也是身外之物，为了这些虚妄的东西，而丢失了自己的本心，荒废了自己的能力，岂不是得不偿失。

别让名誉成为你的负累，折断了飞翔的翅膀，正所谓追求出名要正当，要留清白在人间！

- 4 -

真正的幸福，来自内心的满足

据说，在太平洋的一块特别水域里，生存着一种很特别的鱼，人们叫它王鱼。

这种鱼之所以有这样的名字，是因为它有一种非常奇特的能力，这种能力让它看上去就好像披着华丽长袍的国王。那么，它的奇特能力究竟是什么呢？原来，它能够把一些体形较小的动物吸引到自己身边，让它们贴附到自己身上，让它们成为自己身上的一种"鳞片"，然后转化成自己的"尾巴"。有了金光闪闪的"大尾巴"，王鱼骄傲得不得了，之后它再也瞧不起自己的同类了。

实际上，这不过是王鱼自欺欺人的把戏罢了，那些所谓的"鳞片"只是一种附属物，它们对王鱼起了误导的作用。到王鱼的后半生时，由于其身体机能退化，那些贴在它身上的附属物就会慢慢脱离它的身体。这时，王鱼也试图做些努力，不让这些附属物离开自己膨胀的身体，但是因为它自己的身体机能越来越老化，努力也都成了无用功。最后，附属物脱完，王鱼不得不重新回到原来那个娇小的外形。

对于这一从天上掉到地上的改变，王鱼觉得是一种耻辱，此时的它也已经无法适应眼前这个水域世界，最终只能选择无数次撞击岩石而死去。

沉醉于虚假的表象让小小的王鱼忘乎所以，以至于在这些虚假破碎的时刻，王鱼却无法接受现实，面对真实的自己，最终落得悲惨的下场。王鱼真傻，但事实上，人又何尝不是如此呢？看看我们周围，很多人难道不是和王鱼很像吗？当名誉地位到来时，他们立马觉得自己比以往"高大"数倍，但犹如附属物不是王鱼的"鳞片"一样，名誉地位也不是他们的"鳞片"，总有一天会脱离而去，使之还原到原来的自己。这时候的心情，又何止是失落、迷茫所能形容的呢？名利的确具有非凡的魅力，如果现在去询问一百个人，大约会有九十九个说"要追求更好的收入，要追求更高的地位，要追求更体面的生活"之类的话，说到底，这一切的一切无不是围绕在名和利的圈圈里打转，似乎这一生追求的就是以名和利组合而成的所谓的体面和风光。

　　名誉、地位、金钱，这些东西的确能带给我们许多意想不到的便利，但即使如此，这些东西也都不过是身外之物罢了，只有我们的生命本身才是最美好、最珍贵的，只有我们心灵的快乐才是最真实的。一个人要想活得潇洒自在、幸福快乐，就要学会淡泊名利，位高不自傲，位低不自卑，欣然享受清心自在的美好时光，这样才能切实感受到生活的快乐和惬意。

　　明朝时候，有一个叫胡九韶的教书先生。他出身贫寒，为了养家糊口，不得不一边工作，一边耕田。即使这样，他也仅仅能够填饱肚子而已，用我们现在的生活标准来看，他只能解决基本的温饱问题。

　　尽管如此，胡九韶都不会忘记每天在黄昏时拜一拜上天，感谢上天赐予他这一天的清福。

　　对于他的这一举动，他的妻子有些纳闷，禁不住问道："我们既没有大富也没有大贵，每天只能吃菜粥，你为什么还说这是享清福呢？"胡九韶说："我们没有出生在兵荒马乱的年代，我们不用挨饿受冻，家里没有卧病在床的老人，监狱里也没有需要牵挂的亲人，你说这样的好日子不值得感谢上天吗？"

/ 第二章 欲望不是生活的指引 /

显然，这个世界上比胡九韶幸运的人很多，看看那高坐在龙椅上的九五之尊，再看看那些在朝堂上翻手成云覆手为雨的王侯将相，再不济就算是村里有几亩地的地主富户，他们都比胡九韶要拥有更多的名利、地位、财富；相对地，这个世界上比胡九韶不幸的人同样也不少，比如那些挨饿受冻的穷人，那些被病痛困扰的可怜人，那些身陷囹圄失去自由的罪人……

俗话说"人比人，气死人"，一个人，如果眼睛永远只会向上看，总盯着那些比你更富有、更出名、地位更高的人，那么不管他拥有了多少，都不会感到满足，不会感到幸福。胡九韶是个容易知足的人，但也正是这种知足，给他带来了许多人终其一生可能都求而不得的快乐与幸福。但真正的幸福并不是拥有家财万贯，也不是非得扬名立万，真正的幸福是一种来自内心的满足。

幸福是一种心态，一种知足常乐的心态。当一个人能够通过自己的努力，去达到自己理想的生活状态时，当一个人懂得珍惜自己所拥有的一切，不因欲望迷失方向时，这个人就是幸福的。虚名、财富、地位等等这些东西，其实就像是王鱼身后华丽的"大尾巴"，它们能将你装饰得更美丽、更高贵，但终有一天，当你丧失继续占有它们的能力时，你终归会回到最初的状态，而这个最初的状态，恰恰才是最真实的你，最真实的人生。

不可否认，在当今社会，大多数人都认为，只有当拥有了足够的名和利之后，才能得到让他人尊重的名誉，也才能实现自身的价值。但人并不是一件商品，人生也不是一场演给别人看的电影。再华丽的衣衫，是否舒适只有你自己能体会；再华丽的生活，是否幸福也只有你自己能感受。

人活一世，若是被欲望牵着鼻子走，那么将永远无法获得心灵上的满足和自由。知足常乐，珍惜生命中所拥有的一切，才不会被那虚妄迷住眼睛，迷失人生的方向。

- 5 -

自怨自艾，不过是因为太贪心

古人说，鱼和熊掌，不可兼得。但在现实生活中，很多人却是有了熊掌盼着鱼，吃了鱼又想熊掌。末了，可能还要痛不欲生地高呼：为啥没有西瓜、芝麻、牛羊、猪头……

人生在世，哪有这么完满啊？拥有熊掌的，为什么不能好好去品尝熊掌的好，吃到鱼的，为什么不能慢慢回味鱼的鲜，而是非要去想着、盼着那些我们不曾拥有的东西呢？很多人的不幸福，并不是因为遭遇了什么，或失去了什么，而是因为一直都处于羡慕别人的状态之中，总是觉得别人比自己幸福，他们只看到自己某方面不如别人，却看不到自己突出的一面，于是便给自己心灵的天空涂上了一层阴影，失去了本来拥有的快乐与开心。殊不知，属于自己的那份幸福已经够多了。

在大多数人眼中，语嫣都是值得羡慕的。毕业不久就找到了一份收入可观的工作，很快又认识了一位非常英俊的男朋友，相知相识相许便携手踏入婚姻的殿堂。结婚后不久，他们便有了一个活泼可爱的女儿，还有两人共同努力建造的爱巢。但语嫣自己却并不觉得开心，甚至有时候，还会觉得自己的日子过得挺不舒心。

一次同学聚会后，语嫣和好姐妹林西同乘一辆车回家，在路上，语嫣回想着聚会上的种种，突然忧伤地叹了口气。林西奇怪地问道："怎么了，语嫣，有什么事情不开心吗？"

语嫣感叹道："唉，为什么我这么不幸？上天为什么要这么惩罚我？"

林西越发疑惑了，问道："为什么会这么说呢？大家可都是羡慕死你了，工作稳定，老公又好，女儿也可爱，你还有什么不幸福的呢？"

语嫣苦笑着说道："同样是经过十年的努力，我竟然事事都不如别人。A同学现在腰缠万贯，浑身上下珠光宝气；B同学家的房子有200多平方米；C同学的老公已经是处级干部了……"

林西听完笑了笑，说："你为什么不换个角度看呢？你看，虽然A同学的老公腰缠万贯，但是你看A的老公多粗暴啊，上个月他们还干了一仗；B同学虽然住着200多平方米的房子，可是她们家的房子在远郊呢，上下班都不方便……相比较而言，你不是比她们都幸福吗？"

听完林西的话，语嫣顿时愣住了，她确实从来没有这么想过。她一直是在仰望别人的幸福，看到别人比她强的地方，却忽略了自己拥有的一切。下车后，语嫣终于露出了灿烂的笑容，无限感慨地说："原来我一直生活在幸福之中。"

语嫣无疑是很幸福的，工作稳定、收入可观，家庭和睦。可是当她和别人比较之后，把自己的目光集中在了别人的幸福之上，却忽略了自己所拥有的一切，反而自怨自艾起来，这是多可笑的事情啊！幸运的是，经过朋友林西的提点，她没有一直沉迷下去，而是很快就醒悟了过来，这才没有让自己的幸福蒙上阴影。

在生活中，像语嫣这样的人并不少见，明明拥有了很多，却在不停的攀比之中越发贪婪，总盯着别人手里的东西，却对自己身边的珍宝视而不见。其实，幸福一直就在我们的身边，只是愚昧的人，手握着幸福而不知，却又贪婪地去寻找幸福，最终在这条永无止境的追寻之路上弄丢了一切。有时候，费尽心机、渴望拥有的东西往往是被我们自己亲手丢掉的。

范伟曾经演过一部电视剧，在剧中范伟主演的傅老大是一位快乐的足疗师，他不如做董事长的弟弟老二有钱，也不如做处长的老三有权，更没有做演员的老四风光，不及做教师的小五体面，但是在他们兄妹五人之中谁也没有他幸福。

身为房产公司董事长的老二，他的一切行动都是公司至上，一切从利益出发，与他人都是赤裸裸的金钱关系；官居显位的老三则汲汲营营，一心想要往上爬；作为明星的老四怀揣着大腕的梦想，在娱乐圈的潜规则中痛苦周旋，有谁见他们逢人便笑暗地里却泪流满面；身为教师的小五，被学生家长搞得狼狈不堪，只好抛却真情攀富求贵。

虽然他们的物质生活比起老大来优越许多，可是他们距离幸福却越来越遥远。

他们都在为了追寻幸福而努力，但他们却始终不明白，其实幸福就是一种感觉和心态。在简单快乐的傅老大的眼里，"咸鸭蛋一吃，嘿，就是幸福"。这种知足常乐的心态让傅老大不仅自己过得幸福，也不断地影响着身边的人，让他们逐渐明白幸福的真谛。

对于傅老大来说，通过做足疗师，自己挣钱养活自己，这就是一种最大的幸福。他比那些有"事业"有"粉丝"的弟弟妹妹们要幸福得多。简单就是幸福，善良就是幸福，知足就是幸福。幸福就是抓住属于自己的那份拥有，那就是天底下最幸福的人。

傅老大的弟弟妹妹们虽然有权的有权，有钱的有钱，但是他们多为名利所累，有钱的想要拥有更多的权，有权的想要拥有更多的钱，风光的不满足现状，体面的终日为升迁无望而烦恼，因此他们反而谁也没有傅老大幸福。在生活中有很多这样的人，不管拥有多少都不会感到满足，不管得到多少都不会觉得幸福，殊不知，真正阻挡他们得到幸福的，只是自己那颗充满贪欲的心。

幸福其实很简单，就像傅老大的追求一样，不在乎手里有多少金钱，也不在乎自己手上有没有权力，更不在乎自己是不是衣着光鲜。只要能够把握自己所拥有的东西，在有限能力的情况下，伸出援手帮人一把，就是最简单也最透彻的幸福。试想如果他总是和弟弟妹妹们比较，总是着眼于弟弟妹妹们比自己优越的一面，那么他还会那么幸福吗？

追逐名利是人类的本能，谁都想让自己的一生衣食无忧，但是名利无穷无尽，不管你获得多少，前方总是还有更多更多。人应懂得适可而止，只有懂得知足的人，才能找到属于自己的幸福。生有边际，而名利无尽，节制的欲望是人们前进的动力，而泛滥的欲望则是痛苦的开始。

幸福在哪里？不是达到目的的那一刹那，而是我们把握住属于自己的快乐，珍惜自己拥有的，那就是幸福。

- 6 -

居高者更要懂得尊重

有一种现代人常常容易患上的疾病，叫作"大头症"。通常来说，这种疾病的表现症状是：一旦某天撞大运获得金钱、地位等方面的提升，就会开始用"鼻孔"看人，自觉高人一等。有时，我们也会将患有这种"病症"的人称为"狗眼看人低"。

在生活中，人与人之间的境遇总是千差万别的，有的人事业风光，有的人下岗失业；有的人腰缠万贯，有的人贫困潦倒；有的人健康快乐，有的人疾病缠身……但有这么一句话你一定听过——"风水轮流转"。也许此刻你事业风光、腰缠万贯，也许此刻你身居高位，身体健康，而你身边或许有人穷困潦倒、郁郁不得志，但十年、二十年后又会是怎样一番光景呢？谁都无法预料到，唯一可以肯定的是，不管你是怎样的境遇，如果不懂得尊重别人，那么也无法得到别人真心的尊重。

人是生而平等的，所谓的钱财、身份、地位等，都不过是生命的外套，脱下这层外套，人与人之间并没有高低贵贱之分。

在一架班机的经济舱上，一名漂亮的白皮肤女士被安排在一个黑色皮肤的先生旁边。黑皮肤先生礼貌地朝女士微笑，她却怒目而视，最后还气势汹汹地把空姐叫来，吼道："你们必须给我换位子，我受不了坐在这种令人作呕的家伙旁边！"

空姐看了看那位黑皮肤男人，对方无奈而尴尬地挤出一个微笑，说"请稍等"。空姐走开了。几分钟后空姐回来了，她微笑着说道："很抱歉，经济舱已经客满了，不过在头等舱还有一个空位。将乘客提升到头等舱是我们从未遇到的情况，但是这次的情况已经获得机长的特别许可。"

女士高兴地站起来，准备收拾东西。岂料空姐却微笑着对那名黑人先生说道："机长认为要一名乘客和一个令人讨厌的人同坐真是太不合情理了。先生，如果您不介意的话，我们已经准备好头等舱的位子了，请您移驾过去。"

白皮肤女士呆住了，机舱里爆发了一片热烈的掌声。

以踩踏别人尊严来彰显高贵的人，其实才是真正的卑微者。就如这位白皮肤女士，她以为这样做便能彰显自己的高贵，殊不知，这种不尊重人的表现，只会招致别人的反感，最终自取其辱，让自己难以下台。

官职再大，地位再高，钱财再多又怎样？给自己降降温，静下心来看待这一切吧。要知道，所有人的人格都是平等的，世界上谁的人格也不会比别人的高贵。至于钱财、身份、地位等这些身外之物不过是人的装饰和点缀，即使你在某方面再出色、再高人一等，当你端起盛气凌人的架子时，你的人格也就低到尘埃里了。

子曰："君子不重则不威。"重为庄重，不是自命贵重；威乃威严，绝非八面威风。那些取得伟大成就的人，无论自己居于何等高位，身份多么尊贵，获得怎样的才能，他们都会适时给自己"降温"，以一颗平常心泰然处之。他们从不标榜自己，更不会四处张扬。他们尊重身边的每一个人，这是成大事者必备的品质，也是避免得"大头症"的良方。

这是发生在美国纽约的真实故事：

一个晴朗的午后，在位于纽约曼哈顿的美国著名企业"巨象集团"总部大厦楼下的花园长椅上，坐着一个中年妇女和她的儿子。这个妇女很生气地在跟儿子说着什么。距他们俩不远处，一位六七十岁头发花白的老人正拿着一把大剪刀子在园中剪枝。

这时，妇人突然从随身挎包里拿出一张纸巾揉成一团，一甩手扔了出去，正落在老人刚剪过的灌木枝上。白花花的一团纸巾在翠绿的灌木上十分显眼。老人朝中年妇人看了一眼，什么也没说，走过去拿起那团纸，扔进旁边的垃圾筒里，又回到原处继续修剪灌木。

哪知中年妇人又从挎包里揪出一团纸扔了过去。儿子奇怪地问："妈妈，你要干什么？"中年妇人没有回答，只朝儿子摆了摆手，示意他不要说话。老人将这团纸也拿起来扔到筐子里，谁知妇人随后又扔来一团纸。就这样，老人不厌其烦地捡了妇人扔过来的六七团纸，始终没有露出不满和厌烦的神色。

这时，中年妇人指着老人对儿子说："我希望你明白学习的重要性，如果你现在不努力学习，眼前这个修剪灌木的老人就是最好的例子，将来你就跟这个老园工一样没出息，只能做这些卑微、低贱的工作！"原来是这个男孩学习成绩不好，中年妇人在生气地教训他，而面前剪枝的老人则成了她的"活教材"。

老人听到妇人的话，放下剪刀走了过来："夫人，这是巨象集团的私家花园，按规定只有集团员工才可以进来。"

妇人高傲地说："那当然，我是巨象集团所属一家公司的部门经理，就在这座大厦里工作！"说完，她掏出一张证件朝老人晃了晃。

老人沉思了一会儿，说道："如果您不介意的话，我能借您的手机用一下吗？"

妇人一边极不情愿地把自己的手机递给老人，一边又借机会教育儿子："不是妈妈说，你看这些穷人，这么大年纪了，连一个手机也买不起。你今后一定要努力学习，长大了才能有出息！"

老人拨了一个号码，简短地说了几句话，就把手机还给了那妇人。没过一会，巨象集团人力资源部的负责人急匆匆赶来，妇人忙满面堆笑地迎上去，可是那位负责人好像没有看到她一般，径直走到老人面前，毕恭毕敬地站好。

"我现在提议免去这位女士在巨象集团的职务！"老人指着妇人对负责人说道。

负责人连声答道："是，总裁先生。我立刻按您的指示去办。"

妇人大吃一惊，原来这个人正是"巨象集团"的总裁詹姆先生。

老人转头看向妇人身边的男孩，意味深长地说道："孩子，我希望你明白，在这世界上，无论处在什么位置都不能被成功冲昏了头脑，要时常给自己降降温，尊重身边的每一个人……等你真正理解并学会怎样尊重别人的时候，你带着你的妈妈再来找我吧。"

"如果不好好学习，以后只能当民工……""如果不好好读书，以后只能捡垃圾……"相信类似这样的话语我们都不陌生。许多人都曾用过这样的方式去教育孩子，希望他们能努力、上进，成为一个优秀的人。但他们却都忘了，一个真正优秀的人，最基本的一点，就是要懂得尊重他人。这个世界上从来没有任何卑贱的工作，任何一份工作都在为这个世界做着不可替代的贡献。这个世界上也从不存在卑微的人，当你以高傲的眼光看着别人时，暴露出的，恰恰是你自己的肤浅与低劣。

一个真正优秀、成功的人，无论职务高低、身份贵贱，必然都会尊重身边的每一个人。不要让你拥有的财富、地位、权势变成一场高烧，记住时刻给自己降降温，始终保持理性、保持冷静、保持隐忍豁达的人生态度，唯有如此，你在人生航路上才不会迷失方向。

- 7 -

慢一点，找回遗失的本心

你还记得自己的第一个梦想是什么吗？

你还记得刚进入社会时自己最想要的东西是什么吗？

你还记得内心深处对于未来与幸福的憧憬是什么样吗？

在快节奏的生活压力下，在争分夺秒的竞争中，我们总是不断奔跑、不断追逐，担忧片刻的松懈都会拉开慢人一步的差距，但在这样快节奏的追逐过程中，我们却往往容易失去自我，遗失本心，虽然大脑一刻不停地在旋转，但其实我们或许早已忘了自己在追些什么，又是从什么时候开始追逐的……

其实，慢一些又何妨？与其漫无目的地四处瞎跑，为何不慢下来，试着去享受生活，试着去找回遗失的本心呢？那么，本心又是什么呢？其实说白了就是自己内心深处的价值观。这种价值观就像衡量自己的一把标尺，时刻指导着自己应该守住哪些底线。这种底线和标准就是个人的标签，同时也是赢得最后胜利的砝码。

有一位国王在刚刚登基的时候，由于外族经常骚扰边境，导致民怨很大。为了解决这一问题，国王决定选出一些优秀的人，用武力来镇压动乱。

国王在全国范围内发布通告，宣布只要有过人才能的人愿意为国效力，便会在凯旋时给予封赏。没过多久，就来了三个人，第一个人善于骑术，第二个人善于射术，第三个人善于谋略。国王对他们的才能非常欣赏，让他们随同军队一起前往边疆作战。

在战场上，这三个年轻人充分发挥了各自的才能，屡立奇功。不出一个月，边疆的问题就得到彻底解决。在大军回到国内的时候，国王要对在战争中立有战功的人进行奖赏。国王对三个年轻人说："你们为国家做出了这么大的贡献，想要什么就尽管说吧。"

第一个年轻人说："我要做大将军，统率军队！"

第二个年轻人说："我要做丞相，治理国家！"

轮到第三个年轻人了，他却说："我的梦想就是有一片自己的牧场，请求您赐予我一群牛羊和一块牧场吧。"

第三个人的回答让所有人都十分诧异，这个从战场上下来的年轻人真的只愿意做一名牧羊人吗？国王没有食言，分别满足了这三个年轻人的欲望。

没过几年，当第三个牧羊人在牧场上欢快地唱着歌、悠闲地放着羊的时候，曾经的将军和宰相都因为企图谋反而被斩首了。

人有七宗罪，贪婪便是其一。人一旦被贪欲所掌控，便会随着诱惑盲目前行，一旦失去本心，便会迷失人生的方向，站得越高，也就越容易失去正确的判断……就像故事中那两个做高官的年轻人一样。一开始，他们或许只是想报效祖国，但随着成功、利益的到来，他们的杂念也越来越多，最后从英雄成为叛徒。第三个年轻人呢？他正是知道诱惑的危险与可怕，宁愿选择最平凡的生活，单纯地坚守着自己的一颗心，因此，他一直过着幸福的生活。

守住本心确实不是一件容易的事，毕竟人生存于这个社会上，总会不可避免地接触太多的人，面对太多的闲言碎语。接下来的故事你或许就能够体会到这种无奈。

一个人在市场上出售鸡蛋，为了能够让行人看得更加清楚，他在一张纸上写着："新鲜鸡蛋在此出售。"没过多久，鸡蛋摊位前来了一个人，看着他写下的牌子对他说："我说这位老兄，何必加'新鲜'两个字呢，难道你想说卖的鸡蛋不新鲜？"他想一想，这个人说得真有道理，于是就把"新鲜"两个字从纸板上涂掉了。

第一个人刚走，又来了一个人对他说："我说为什么要加'在此'两个字呢？你不在这里卖，还会在哪儿卖？"他同样觉得这个人有道理，又把"在此"涂掉了。

一会儿，一个老太太过来，又对他说："'出售'二字是多余的，这些鸡蛋不是卖的，难道会是白送吗？"于是，他把"出售"也擦掉了。

临近中午的时候，又来了一个人，看着卖鸡蛋的人说："你真是多此一举，大家一看你面前的鸡蛋就知道你是一个卖鸡蛋的，何必费劲写上'鸡蛋'两字呢？"事情的结果是，卖鸡蛋的人把所有的字都涂掉了。

在生活中，我们时时都面临着与卖鸡蛋的人相同的处境，总会有人不断地对你"提出建议"，让你的内心受到各种干扰。不管是学习、生活还是工作，甚至于什么时候谈恋爱，什么时候结婚，什么时候生孩子，等等，都会有人不断议论。很多人屈服在了舆论的压力之下，盲目地随大溜前行，却根本不知道自己真正想要的究竟是什么。

其实生活是自己的，快乐与否不过是如人饮水，冷暖也只有自己才能真切体会，至于别人的想法，又与我们有何干系呢？为了迎合别人而失去自己，真的值得吗？况且每个人的观点都不一样，你不可能去讨好所有人。与其为别人的眼光而痛苦不堪，不如遵从自己的本心去生活；与其急匆匆地追逐别人的步伐，不如掌握自己的节奏，开创自己的人生。

一只老鹰不小心将自己的蛋掉到了鸡窝里，恰巧这个时候，母鸡正在孵小鸡。当鹰宝宝从蛋壳里爬出来的那一天起，小鹰就发现自己和其他小伙伴们并不一样，它的羽毛看上去一点也不柔软，总有脏兮兮的感觉；它不会用泥灰为自己洗澡，也不能轻易从土里刨出一只虫子。随着自己身体的快速成长，矮小的鸡棚总是碰到它的头，而小鸡们总是合伙欺负它。

在这样的环境里，小鹰感受不到丝毫的认同感，它对自己的身世感到困惑，对自己的未来感到迷惘。于是，小鹰独自跑到了悬崖边上，想要跳下去结束自己的生命。但是，当它纵身一跃的时候，竟本能地展开翅膀，飞上了蓝天。这时小鹰才发现：自己原来是一只可以在天空翱翔的雄鹰，鸡窝和虫子并不属于它。

当你感到痛苦不堪，当你觉得自己与周围格格不入的时候，有没有想过，或许你正是那只落入鸡窝中的雄鹰？人生不是一场马拉松，别人辛苦追逐的终点，未必就能打开你人生幸福的大门。不要一味在乎环境，更不要一味追求速度，生活不是比赛，即便慢一点又何妨？不要让各种各样的杂念影响你的判断，你要认准一个方向，守住自己的本心。当你最终找到属于自己的轨迹时，你才能大踏步前行，看尽一路风景。选择一种自己喜欢的方式，做自己喜欢的事，这不正是幸福的真谛吗？

- 8 -

做不了第一，就做快乐的第二

成功学上有一个特别经典的问题：你知道第二个登上月球的人是谁吗？

一听这个问题很多人就蒙了，是谁啊？还真没听过。于是，成功学紧接着就告诉你，获得"第一"有多么多么重要，因为没有人会记得"第二"，那个人到底是谁并不重要。

确实，"第一"就意味着鲜花和掌声，意味着荣誉和尊严。不管是在学校里，还是在社会上，"第一"和"第二"之间，永远都横着一条无法跨越的鸿沟。于是，身在喧嚣中的红尘之人往往就被这些浮华扰乱了心性，把"第一"当成最大的荣耀，惯于为"第一"而奋斗，并为此不断地追赶，奋力地奔跑，不甘落后、不甘平庸。

但问题是，"第一"永远只会有一个，那些没法获得"第一"的人又该怎么办呢？难道他们就没有价值了吗？再者，即便没有人知道第二个登上月球的人是谁，难道他的功绩，他所做出的贡献就会被抹杀吗？显然不是，虽然普通大众或许不知道他是谁，但在航天史上，第二个登上月球的人，他的名字依然会占据着一个重要的位置。

处处争第一，太要强、太功利的竞争，往往只会让自己的心跟着浮躁起来，变得草率而轻狂。而屡争不得，第一的诱惑总在眼前，身心皆被驱使着，生命可能就会变成劳役，疲惫不堪。

　　大学同学聚会上，唯独邱楠没有来参加。因为邱楠的女儿高考落榜了，而她本人也因为突发性高血压住进了医院。邱楠是个非常好强的人，在学校的时候就处处都要争第一。当初为了争得班上唯一的班长位置，小小年纪的她就能使出浑身解数，四处笼络班里的同学，劝说他们投自己的票，可没想到最终还是落选了，为此她大病了一场；刚踏入社会时她就发誓自己要嫁给的男人一定要是所有女伴男友中最优秀的一个，在如愿以偿之后，她好不得意；做了母亲之后，邱楠对女儿的要求同样是"力争第一"，她给女儿报了学习辅导班、美术班、舞蹈班等，势必要培养出一个处处都是第一的女儿……结果，高考时一向成绩优异的女儿居然落榜了，邱楠一气之下居然病倒了。

　　邱楠的人生，真心累啊！可像邱楠这样的人，确实还真不少。他们把生活过得像打比赛一样，处处都想着赢，时时都在和别人攀比。读书比成绩，上班比工资，嫁人比老公，甚至连儿女都沦为了装点门面的"工具"……这样的人生究竟有什么意义呢？你考上班级第一，上头还有全校第一、全省第一、全国第一，甚至全世界第一；你工资赚得比别人多，上头总还有赚得更多的，哪怕拼过了地方首富，还有全国首富、世界首富等着你。人哪可能处处都夺得第一，哪可能事事都完美无瑕啊！

　　人生不是竞技，不必与众人争先恐后、日夜兼程，把"撞线"当成最大的光荣。倒不如让狂热的心静下来，不要被那些浮华扰乱了心性，做不了第一就做快乐的第二，大度一点、坦然一点，其实第一与第二之间，并没有你想象的那么遥远。

　　昙花一现的艺人很多，但是像刘德华这样持续走红二十几年的，极其罕见。对于自己的成功，心态平和的刘德华一直推崇"老二哲学"，"我只是喜欢做第二。做第二很好，前面永远有个目标追"。

　　人最大的敌人不是别人而是自己，每个人都有属于自己的人生，我们都是和自己赛跑的人，没有必要非和别人一比高下，我们要学会的，不是去超越别人，而是战胜自己，超越自己。

在现实生活中，人们总习惯用数字化的排名来定义一个人的价值。不管是考试成绩的分数，还是公司业绩的数额都是如此。考试的成绩或许可以粗略反映出你学会了多少知识；业绩的数额也大约能够表现出你的工作能力有多么优秀。但无论任何排名，都不可能定义出你人生的价值。

人是非常复杂的，每一天都扮演着各种各样的角色。在学校，你是学生；在公司，你是员工；在家庭，你是父亲、母亲、孩子……你可能在某个方面十分优秀，也可能不擅长扮演某个社会角色，但这些复杂的社会身份所反映出的价值都是你本人，你该如何用排名来定义自己的人生呢？

第一也好，第二也罢，不过就是一时的排名，片面的倒影罢了。让心安静一点吧，别被那些嘈杂乱了心性，回头看看从前的自己，你的成绩比从前进步了吗？你的工作比过去更称心吗？你的生活比从前更美好吗？你的身体比过去更健康吗？你的家庭关系比从前更和谐吗？如果是，那么说明你一直在进步，你比昨天更好、更优秀，这样的你便已经是成功的了。

生活不是比赛，人生也没有统一的排行榜。不要让身心被外界所驱使，更不要让生命变成一场劳役，在疲惫不堪中枯萎。静下心来吧，做不了第一就做快乐的第二，大度一点，坦然一点，你的心将是一片浩渺的水域！

- 9 -

越有钱，并非越快乐

你爱钱吗？摸着良心说，谁不爱啊！

钱的好处很多：钱可以买到食物；钱可以买到漂亮的衣服；生病了，钱能让你得到更好的医疗保障；想创业，钱能成为你雄厚的创业资本；钱还能提升生活品质；钱还能让我们享受到更多的便利……

总之，钱的好处实在是太多了。

但人们也常说："有钱能使鬼推磨，钱是杀人无血刀。"可金钱真的是万恶之源吗？事实上，真正可怕的并不是金钱，而是人的贪欲。

当一个人对金钱过于贪心，视钱如命的时候，他也很容易会被金钱占有，沦为金钱的奴隶，一生都要为金钱所左右。正如哲学家所说的那样："他并没有得到财富，而是财富得到了他。"

有这样一对老夫妇，他们很贫穷，还经常挨饿。一天，丈夫对老伴说："咱们给上帝写一封求助信吧，看上帝是不是会来注意到咱们这两个孤苦无依的老人，帮助咱们改善一下现状。"

"真的有上帝吗？我们怎么把信寄出去呢？"老伴疑惑地问。丈夫回答，"如果真有上帝的话，我们的信不论用什么方法寄出去，他都一定能收到。"于是，他们写了一封信，并在信封上署了上帝的名字，然后把信扔出门外，信被风吹走了。

/ 第二章 欲望不是生活的指引 /

碰巧，一个善良的人捡到了这封信，他好奇地将信打开，并被信中老夫妇的虔诚和境遇感动了，他决定帮助他们，于是他自称是上帝的使者，将自己身上仅有的98美元都送给了那对老夫妇。

老夫妇收下了这98美元，但是待善良的人走后，丈夫却怎么也高兴不起来，反而坐立不安地抱怨道："这个使者不诚实，很可能上帝让他给我们送100美元，那个骗子却拿走了2美元当自己的佣金。上帝真是不敬业，他应该直接拿着100美元来我们家的……"

对于那善良的人来说，这是多么可悲啊，一次善良的举动，换来的不是感激，而是充满恶意的猜忌！而对于那可怜的老夫妇来说，却又是多么可笑啊，从天而降的财富，没有带来欢欣与感动，却反而带来了愤怒和不满！但仔细想想，我们身边又何尝少了这样的人呢？面对给予，生出的不是感激，不是感动，而是无尽的贪婪和索取，也难怪会有这样一句话——可怜之人必有可恨之处！

金钱是美好的，生活在现代商业社会中，每个人都有追求财富的权利，但在追求金钱的过程中，很多人却因为自己的贪婪而沦为了金钱的奴隶，甚至失去了最基本的善良与道德。正所谓"君子爱财，取之有道"，爱财本身没有什么错，真正错的，是以错误的方式追逐金钱，甚至迷失了自我。

金钱本身是没有价值的，它真正的价值在于流通与使用。那些追逐金钱，视财如命的人却始终没有明白这一点。比如守财奴葛朗台，他将金钱视若生命，但也正因如此，金钱在他的手中反而丝毫没有了价值。钱可以换来好吃的、好穿的、好用的、好住的，但人这一生，又能吃多少、穿多少、用多少、住多少呢？钱不在多，其实够用就好。快乐幸福与物质财富的数量可能成正比，但也不一定成正比。当金钱能够为我们解决人生中的大部分烦恼时，它自然能为我们带来快乐与幸福；如果金钱反而成为了心头的负累，那么它只会让我们与幸福快乐越发背道而驰。

所谓"种瓜得瓜，种豆得豆"，我们种下了名利财富的因，就必然得到贪婪的果。快乐幸福来自内心，如果内心已经被金钱的欲望所污染，所吞噬，始终是不满足的、空虚的，又从何去感受快乐与幸福呢？

钱能让我们更好地活着，但活着绝不仅仅是为了赚钱。真正富有的人，不仅仅只拥有金钱，他们追逐财富，更懂得驾驭财富，永远不会成为金钱的奴隶；那些一味贪恋金钱的人，恰恰正是最贫穷的人，毕竟他们穷得只剩下钱了。

比尔·盖茨就是一个真正富有的人。作为"富有"的代名词，比尔·盖茨无疑是世人羡慕的对象，在众人心中，他无疑是世界上最幸福的人。但对于幸福与否这件事，比尔·盖茨却是这样说的："如果你认为拥有享用不尽的金钱，便可享受到常人无法享受到的快乐，那你就错了。其实，每当一个人拥有的金钱超过一定数量时，它就只是一种数字化的财产标志而已，简直毫无意义。"

"我只是这笔财富的看管人，我需要找到最合适的方式来使用它。"这是比尔·盖茨对金钱最真实的看法。他很少关心自己账户上的金钱数目，也不在意自己股票的涨跌，他利用它们做投资、做慈善等，努力让自己的人生更有意义。

真正能带给比尔·盖茨幸福感的，不是账目上有多少钱，而是他如何使用这笔钱，让这笔钱发挥出最大的效用，这不正是金钱的意义所在吗？当我们能真正认识到这一点的时候，就会发现，金钱不过是身外之物，真正有价值的，是金钱所能换来的那些东西。

人们追逐金钱，原本是为了获得更好的生活，得到更多的快乐与幸福。因此，如果一个人为了金钱而放弃自己的家庭、朋友、道德、尊严等宝贵的东西，那岂非本末倒置？金钱是无法直接购买到幸福的，真正能带给我们幸福感的，是亲情、爱情、友情，是梦想、渴望、成功，是生活中那些点点滴滴……金钱的意义在于让我们能够更好地维系亲情、友情、爱情；让我们能够更接近梦想、渴望、成功，让我们能够更专注于感受生活的点滴。因此，在追逐财富的道路上，请一定记住，不要让贪婪蒙住你的双眼，当你丢弃那些真正能带给你幸福的东西时,当你放弃那些真正能让你的生命变得有意义的东西时,金钱也只会变得毫无价值。

学着控制对金钱的欲望吧,与金钱拉开一定的距离,用心地体会生活中真正的快乐和幸福,这样才能让生命变得更有意义。

- 10 -

由幸福方程式说幸福的真谛

现代人常常会提到一个词——幸福指数。幸福是种很玄妙的东西,它不像大米、蔬菜、水果,能够称出斤两;也不像竹竿、尺子、铅笔,能够量出长短。那幸福又怎么能用指数来衡量呢?你别说,这世上还真有这么一个"幸福方程式"。

这个所谓的"幸福方程式"是由美国经济学家萨缪尔森提出来的,他认为:幸福=效用/欲望。

在这个方程式中,效用指的是我们手中的财富转化为物质或心灵上的满足的"量"。从这个"幸福方程式"中可以看到,效用与欲望是成反比的,欲望越大,人的幸福感也就越小。究竟是不是真的如此呢?让我们来看一个真实的例子。

有这样一对夫妻,他们白手起家,靠炸油条赚到了人生第一桶金。有了这笔积蓄后,他们便开了家饭店,并聘请了一位手艺高超的师傅,饭店的生意也越做越红火，很快就扩大店面，并在几年后又开了分店。

众所周知，餐饮业是非常劳累并且忙碌的，为了照顾好生意，这对夫妻几乎牺牲了一切时间，甚至连唯一的女儿也常常无暇照顾。

在夫妻俩迅速累积财富的同时，他们的女儿也一天天长大起来，这个女孩会时常劝父母："不要太累，钱够花就行。"但她的父母哪里肯听孩子的意见，总是一门心思做生意，女儿一个月也见不到父母几面，生活全靠家里的保姆照料。

在缺少父母陪伴和教育的情况下，原本乖巧懂事的女儿和一群小混混玩到了一块儿，常常逃学、喝酒、抽烟，最后甚至染上了毒瘾……一个原本幸福的家庭就这样走向了破碎的边缘。

欲望太多的人，得到的东西看似很多，但真正享受到的却只会越来越少，因为欲望已经占满了他们的心灵。物质上的东西，可以靠不断努力得到满足，而心灵一旦产生空洞，却永远无法弥补。正如故事里这对白手起家的夫妻，在积累高额财富的同时，与金钱一同增长的还有他们的野心和贪婪。为了赚取更多的钱，他们牺牲了自己的生活，甚至牺牲了与女儿相处的宝贵时间，最终呢？孤独的女儿在迷茫中毁了一生，夫妻俩即便拥有再多的财富，也无法让一切重来了。

借用萨缪尔森的幸福方程式，我们看到，对于这对夫妻来说，他们所拥有的"效用"，也就是金钱的使用率是非常低的，忙于工作的他们几乎没有其他任何时间来享受金钱所带来的便利。他们的欲望显然十分膨胀，否则也不会为了追逐更多的财富，连最重要的亲人也忽略了。可见，这对夫妻的幸福指数显然非常低。

至于他们的女儿呢？众所周知，对于一个孩子来说，比起物质享受，他们更渴望来自父母的关爱和陪伴，很显然，女儿得不到这一切，金钱根本无法给她带来这样的"效用"，她渴求关爱的欲望也得不到满足。因此，即便有着优越的家庭条件，女儿也并不感到幸福，最终才会在孤独和迷茫中走上不归路。

第二章 欲望不是生活的指引

在市场经济时代,金钱是一个永远都说不完的话题,穷人想变富,富人想更富,不断膨胀的物欲充斥在社会的每一个角落。在贪欲的催化下,为了金钱,甚至有一部分人可以无视他人利益,无视人格尊严,损人利己,无所不为,这种畸形的心理或许能换来金钱,但同时也是自我毁灭的前兆。

蜈蚣大家都见过,它有很多脚,爬起来总让人担心会不会一不小心把自己给绊倒了。

传说在很久以前,蜈蚣本来是没有脚的。它每天只能把肚皮贴在地面上爬行。后来蜈蚣就向造物主抗议了:"真不公平啊,其他动物都有脚,能够跑得飞快,为什么我这个小小的虫子却连一只脚都没有,怎么生存?"

造物主很怜悯蜈蚣,就对蜈蚣说:"那好吧,我给你两只脚,让你能像人类一样行走。"

蜈蚣不满意地摇摇头:"人类走得太慢了。"

"那我给你四只脚,你就能像马一样奔跑。"

"马有强壮的身体,我没有。"蜈蚣还是不满意。

"给你八只脚,你可以像蜘蛛一样。"

"可是我没有蜘蛛的结网技术。"

造物主无奈了,只好对蜈蚣说:"这样吧,这里有一堆脚,你自己装在身上,想装几个就装几个。"蜈蚣欣喜若狂,把所有脚都装到了自己身上,它想着,有了这么多脚,一定能比任何动物跑得都快。可没想到,太多的脚反而磕磕绊绊,让它迈第一步的时候就摔了个跟头。等它终于学会怎样使用这些脚时,又发现使用这么多脚走路让它每天都生活在劳累中,还不如没有脚呢。

人的欲望就像蜈蚣的脚,越多不见得就越好。脚能让我们跑得更快,站得更稳,但物极必反,过多的脚反而会因彼此的磕磕绊绊而徒增烦恼。人的欲望也是如此,适当的欲望能成为人奋发图强的动力,但过多的欲望却只会成为人生的负累，拖住生命前行的步伐，带给人无休止的烦恼与痛苦。

人生的"幸福方程式"其实早已揭示了幸福的真谛：分子越大、分母越小的时候，幸福指数才会越高。也就是说，当我们能够将金钱充分地利用起来，换来物质和心灵上的满足，并尽可能地压缩自己的欲望时，幸福自然也就如期而至了。

第三章

改变此刻
的心情

若你想要藤蔓上的葡萄,就努力踮起脚;
若你沉迷云端上的星辰,那不如垂下手,抬起头,
在远方欣赏它的美。
克化生活的焦虑其实很简单,
一半源于争取,一半随缘自适。

- 1 -

内心平和的人，不被愤怒所伤

每个人都会有情绪，我们的心情甚至我们的言行或多或少都会受到情绪的影响。假如我们的心情是愉悦舒畅的，那么我们说话做事也会觉得轻松自如；相反，如果我们的心情是充满愤怒的，那么我们面对人和事物的时候就会态度冰冷，缺乏耐心。

那么，万一我们被不良情绪困扰了怎么办呢？尤其是当我们气急败坏的愤怒情绪袭来时，我们又该如何缓解、改变呢？

想要缓解愤怒的不良情绪，我们首先应该明白，这种不良情绪究竟从何而来。很多时候，我们的愤怒其实往往并非针对某件事情本身，而是经历了一段时期的情绪堆积后，某件事情成为了引爆不良情绪的导火索。试着回想一下，那些常常让你怒不可遏的事情，真的能让你如此愤怒吗？

人的不良情绪就好像流水一般，当水流较小的时候，你轻易就能用砖墙水泥将它堵截起来。天长日久，被堵截的情绪就会越来越多，水平面也会越升越高，一旦某天，堵截的砖墙有一点儿小缺口，便会酿成一场排山倒海的洪灾！就如同水库大坝决堤一般，那件看似引发了我们愤怒的事情，其实就是那个小小的缺口。

陈淼从某高校心理学硕士毕业后，进入了一家心理治疗机构工作。她入职的第一天，同事带她参观工作环境时，陈淼就在走廊上听到了一阵令人毛骨悚然的尖叫:"我很生气……"

"大声点!"

"我很生气!"

"再大声点!让我亲眼看到你的怒气!"

"我很生气!我很生气!我恨你!我恨你!"

虽然陈淼在学习期间就了解到这是心理治疗的一种方法,但身临其境的时候还是让她有点不寒而栗。她禁不住向同事询问说是不是有人急需帮忙?

同事笑着说:"不用担心,他们只是在做治疗,帮助病人发泄出内心的愤怒。"

后来在下班时,陈淼遇到了那位接受治疗的患者。她看上去一副精疲力竭的样子,但脸上的神情却显得很轻松,好像体内的怒火都被消除了。

治水之道,关键在于疏通。当洪水来袭时,一味的堵截只会让水流蓄积越来越多的力量,最终造成难以想象的破坏;若是懂得合理的疏通分流,便能将水流的力量分散,让水流朝着不同的方向和路径徐徐排出。人的情绪也是如此,一味的压抑克制只会让不良情绪堵截起来,一旦某天再也压抑不住、控制不了,便会爆发出惊天动地的愤怒。因此,处置不良情绪,最佳的方式就是为它找到一个出口、一个发泄的渠道。有人形容愤怒是"最可怕、最激烈的情绪"。最近的科学研究也已经证实,愤怒的情绪是具有毁灭性的。因为这是破坏慈悲与利他主义的主要因素,也是损坏一个人的道德操守与平静心态的最大原因。

当人处于愤怒中时,往往容易失去理智,做出许多可笑又可悲的事情。尤其是当愤怒带来的病态与憎恨的情绪控制了我们的理智,主导了我们的思想时,往往就容易酿成难以挽回的悲剧。

一天夜里,一位年轻人在小酒馆里,边喝酒边自言自语,在外人看来,

/ 第三章　改变此刻的心情 /

他的神情流露出一股得意之极的神色。跑堂的伙计禁不住好奇地问道："先生，你能告诉我你如此快乐的原因吗？"

只听这位年轻人回答说："有一个十分令人讨厌的家伙，每次碰见我都会在我背上重重地拍一巴掌，这让我感觉非常不舒服。我告诉过他多少次，让他别再这么做了，他就是不听。现在，我已在自己的背上暗藏了一个炸药包，下次遇见他时，他要是再拍我的背，肯定会把他的手炸得稀巴烂！"

这是一个多么可笑的故事！一件看上去如此微不足道的小事，却让这个年轻人如此愤怒，甚至做出了这样可怕的"选择"。若他真将对方的手炸得稀巴烂，那么估计他自己的后背也会伤得不轻，更不用说之后将会面临的牢狱之灾。付出这样的代价，真的值得吗？既然愤怒有如此之大的危害，那么，我们要怎么做才能不被它侵扰呢？对此，相关心理专家给出了这样的建议：对于愤怒这种坏情绪，我们绝不能只靠隐忍就解决问题。我们一定要训练自己有"解毒"的能力，也就是靠耐心与宽容来驱除内心的愤怒。

在我们的日常生活中，培养耐心与宽容心是非常重要的，耐心和宽容心能让我们保持身心的平和。当一个人有耐心与宽容心时，才能做到宠辱不惊，笑看生活的磨难，哪怕日子过得很不宽裕，也仍然能保持心境的平和，不会被恶劣的环境所摧毁。

拥有耐心和宽容心的人在灵魂与精神上是无比强大的，没有任何东西能够摧毁他们。当我们在努力让自己做到耐心和宽容时，其实也等于是在对抗引起我们不快的愤怒情绪。毫无疑问，只有尝到过愤怒并克服了这一情绪，我们才算真正掌握了情绪，控制了情绪，我们的心和我们的行为也才不会被情绪所控制、所左右。

- 2 -
不生气，更健康

当人们从情感角度不断论述"生气"这种情绪带来的危害时，美国生理学家却从科学角度向人们讲述了"生气"这种负面情绪究竟有多可怕！

艾尔玛是美国著名的生理学家，他曾经做过一个很简单的实验：把一支玻璃试管插在装有冰水混合物的容器里，然后收集人们在不同情绪状态下呼吸出的"气水"。研究发现：当一个人心绪平和时，他呼出的气水是清澈透明的；当一个人处于悲痛的情绪中时，水中会出现一些白色沉淀；当人们心生悔恨时，会有蛋白质沉淀；当一个人勃然大怒时，水中则会出现紫黑色的沉淀。

接着，艾尔玛将各种情绪下产生的"气水"分别注射到小白鼠身上，当给小白鼠注射入生气时呼出的"气水"时后，不到12分钟，小白鼠竟然死了。

这个实验震惊了科学界乃至全世界，这说明，人在生气时身体所产生的生理反应是十分强烈的，分泌物比任何情绪发生时都复杂，甚至具有毒性。可见，经常生气的人很难健康长寿，这并不是危言耸听。

我们平时总说"气大伤身"，看来这并不是一句空话，有《黄帝内经·灵枢篇》为证："夫百病之所始生者，必起于燥湿寒暑风雨，阴阳喜怒，饮食

/ 第三章 改变此刻的心情 /

起居。"可见，情绪与人的生理健康也有着脱不开的干系。

生气对人体产生的生理刺激其实非常明显。我们每个人都生过气，在生气的时候，我们的身体通常也会表现出许多不良症状，例如可能会感到胃痛、胸闷或者头晕，等等。即使当时不会出现任何症状，天长日久下来，生气也总会在人的身上留下疾病的痕迹，对身体产生一定的威胁。尤其是那些有血压问题或心脏问题的人，生气往往正是诱发他们身体疾病的重要原因。

肖恩是个勤劳肯干的年轻工人，然而他并没有因此受到命运的眷顾。一次，由于在工作中的操作机器不当，肖恩伤了背部，不但失去了工作，从此还必须一直忍受疼痛的折磨。

渐渐地，肖恩成了一个爱生气的人——生气自己的伤，生气伤痛的折磨，生气老板的苛待、家人的不够体贴，生气上天待他不公。

受伤之后，肖恩大多时间都躲在家里，从来不回朋友的电话，也不欢迎同事的来访，他整日郁郁寡欢，将自己封闭起来。有人要是与他回忆之前的快乐生活，他就会暴跳如雷，大吵大闹。哪怕就是静静地待着，他的眼泪也会时不时地涌出来。

有一次，他走在大街上，突然看到一个他极其讨厌的人，他的胸口一下子就剧痛起来，之后被救护车送到了医院。他告诉医生，自己只是一看到那个"仇人"，就气不打一处来，接着就心口剧痛，医生判断他很可能有心脏病，再三叮嘱他以后需要多加注意，控制自己的情绪。

从此肖恩更加绝望了，不良情绪也更为严重。在肖恩 41 岁的时候，他再次因为突发心脏病而入院。在医院里，所有的心脏病专家、心理医生、牧师、他的兄弟以及妻子都围在他的身边，医生给他下了最后的通牒：你的心脏再也承受不了这样的刺激了，不能再生气了，否则就会死亡。

肖恩只是流眼泪，可他并没有加以控制自己的情绪。终于，几个星期后，肖恩在对着电话怒气冲冲地大喊大叫时，心脏病再次发作。当他的妻子发现时，他已经死了，手中还紧紧握着电话筒。

愤怒和疲劳总是接踵而至，而愤怒又是最耗费精力的。生气时，身体需要能量来调动各个部位，使其摆出进攻的姿势——心跳加速、血压升高、全身肌肉收缩。生气愤怒时你甚至可能会感到异常兴奋，你的肾上腺素分泌会增加，因此当你松弛下来时，往往会感到疲乏不堪。

如果我们每天都愤怒，那么就意味着每天都要经历这种兴奋然后疲乏的状态。在这种循环中，我们的精力会被耗费多少啊！光想想这种状况都让人感觉疲累。

莎士比亚说："不要因为你的敌人燃起一把火，你就把自己烧死。"你的怒火，伤害的只会是你自己，而不会是你的敌人。但很多人却都想不透彻这个问题，在我们周围，喜欢生气的人实在太多了。可能就在超市里，你都会发现顾客跟营业员拌嘴；出租车上，司机也许正因交通堵塞而满脸怒色；公交车上，人们还在计较谁的座位被谁抢了……当别人偶尔出来劝解时，有的人甚至还会为自己的脾气大加辩护："谁没有生气的时候啊""不把心里的火发出来，我憋得难受"。但扪心自问，生完气之后，你真的感觉舒服了吗？生气是一种毒药，它不仅不能排解我们的负面情绪，反而还会对我们的身体造成可怕的伤害。想要解决情绪问题，我们绝不能只停留在问题的表面，而是必须学会"转念""少点怨，多点包容""多洒香水、少吐苦水"，让负面的思绪远离，从而用乐观的正面思绪来迎接人生。

本杰明·富兰克林曾经说过："愤怒从来都不会没有原因，但没有一个是好原因。"生气本身不过是情绪冰山的一角，它不是独立存在，而是被其他情绪所引发的，如害怕、怨恨或不安。与其随意发泄愤怒、咆哮不止，倒不如静下心来找一找问题的根源，然后从根源上消除这些情绪。

中医讲"怒伤肝"，其实愤怒情绪不仅伤害你的身体，还会伤害你的精神以及他人的感情。总之，生气永远不能解决问题，它就像一把地狱之火，如果不学会控制，就会越烧越旺，最终伤人害己。

- 3 -

再怎么慌乱，都要冷静自持

何谓冷静？思想家说，冷静是一种美德；教育家说，冷静是一种智慧；艺术家说，冷静是一种魅力。我认为，冷静其实是一种风度、一种品格，更是人生快乐与幸福的基石。受挫时要保持冷静，在冷静中镇定反省才能吸取教训，重新出发；成功时更需要冷静，在冷静中寻找新的起点，方能创造更大的辉煌。

冷静使人深邃，催人成熟；冷静即力量，它使人充实，永葆青春。

西方有这样一则寓言：

一只狮子被猎人捉来后关进笼子里。

一只蚊子飞过这里，看到了在笼子里不停地走来走去的狮子，便问说："你这样走来走去有什么意义？"

狮子回答说："我在找我能够逃出去的路。"

一段时间后，狮子发现自己根本找不到逃出去的路，于是干脆躺下来休息，不再去想逃走的办法。

可蚊子还在那里着急，继续问狮子怎么逃出去。

狮子无精打采地说："我现在只想休息，暂时找不到逃出去的办法，所以还是耐心地等待机会吧。"

当蚊子还想继续问时，狮子终于发火了："你总是这样问来问去有什么意义？我始终都清楚自己在想什么、在干什么，因为我一直保持着清醒，实在逃不出去我也没有办法，我已经尽力了，不像你只会问来问去……"

在命运面前，我们永远不是万能的。在生活中，我们有时也会不可避免地陷入绝境，就如狮子这般，哪怕付出一切努力，也无法改变某些事情。比如难以抗衡的天灾，突如其来的人祸，以及难以治愈的疾病，等等。当我们陷入这样的绝境中时，当我们付出了一切努力却依然不能改变身处的状况时，与其像蚊子这样喋喋不休、痛苦不已，倒不如学学狮子，冷静下来，随缘自适，即便无法迎来转机，至少也能以平和豁达的心态，享受生命的好时光。

如果一切已经注定，与其陷入痛苦与不甘中，何不以笑脸来面对一切、接受一切呢？人的快乐与幸福，一半需要自己付出努力去争取，另一半则需要一颗随缘自适的心，去坦然接受生命的不完美。越是面临困境，人就越是需要保持心态的平和与头脑的冷静。

有句话是这样说的："冷静质疑是理想的筋骨。"当我们能够保持冷静质疑的态度时，往往可能在绝望中找到希望，在绝境中等到机会，如果头脑发热，陷入情绪的旋涡，那么活路也可能走成死路，喜剧也可能变成悲剧。

人生中很多悲剧都是因冲动而酿成的，情绪是智慧的迷药，当我们被情绪所掌控时，智慧往往就会处于"罢工"状态，以致无法做出正确的抉择，从此与幸福快乐失之交臂。但偏偏人类就是如此，越到需要紧迫做出决定的时候，思想就越容易陷入混乱，汉语中的"惊呆了""急蒙了""惊慌失措"等词汇，就是对这类情形最为恰当的形容。可就是因为这种"惊呆"和"急蒙"，很多不幸发生了。

青蛙王国的国王要为女儿选纳贤婿，于是组织了一场攀爬比赛，第一个爬到塔顶的青蛙就能成为青蛙公主的驸马。用来比赛的铁塔非常高，仰头都看不到它的顶端，仿佛插入云霄，看了让人心生畏惧。围观的群蛙纷

/ 第三章 改变此刻的心情 /

纷议论说爬塔难度太高，几乎不可能成功。

比赛开始了。

由于铁塔又陡又滑，的确非常难爬，加上周围群蛙们的不停议论，许多青蛙还没开始爬就泄气退出了比赛，仅有几只情绪高涨的青蛙还在往上爬。

群蛙们继续喊："太难了，不可能爬上塔顶的，会丧命的，赶紧下来！"在这样的叫喊声中，越来越多的青蛙失去信心退出了比赛。

最后，只有一只青蛙还在不停地爬，丝毫没有放弃的意思。最终，他成为了唯一一个到达塔顶的胜利者。

它哪来那么大的毅力爬完全程的呢？难道他不知道爬塔很危险吗？难道他没听到塔下群蛙的议论声吗？

大家议论纷纷，胜利者却置若罔闻。

这时大家才发现，这只抱得美人归的青蛙原来是个聋蛙！

情绪是种传染病，不论是好的情绪，还是坏的情绪，都会对周围的人造成影响。聋子之所以能够坚持到最后，赢得美人归，就是因为他听不到那些泄气的言论，没有被周围的负能量气氛所影响。可见，很多时候，我们所面临的处境其实并没有那么绝望，但消极的情绪却放大了这种绝望，让我们在恐惧之中无法自拔，以为自己距离幸福已经越来越遥远。殊不知，当你冷静下来时便会发现，幸福距离你，可能只有一步之遥！

别让情绪遮住智慧的眼睛，也别让情绪成为绝望的毒药。

首先，要懂得给不冷静的想法灭火。当你心生不满时，要警惕消极情绪的入侵，用积极正面的思考来做情绪的灭火器。

其次，要能够给不冷静的冲动灭火。万一你没来得及拦截住消极情绪的侵袭，产生一些冲动的念头，那就立刻对自己喊话："再等一下就好。"然后在心里默默数数："1、2、3、4……"适当的缓冲能够活络大脑的理性中枢，以便自己能悬崖勒马，不致冲动行事。

最后，要懂得控制自己不冷静的行动。当你已经开始了非理性的行动时，必须立刻对自己发出"停止"的信号，避免造成更进一步的伤害。

冷静方能自持，随缘才能自适。无论生活给予我们什么，若无法改变，便坦然接受吧！当你能够以一颗安然自适的心去看待一切时，接受一切时，就会找到通往幸福的路口。

- 4 -

学会忘记，更轻松地拥抱当下

听说鱼的记忆只有七秒，七秒之后，一切都会重来，变成全新的开始。所以，即便在小小的鱼缸里，鱼也能快活地游来游去，因为对于它来说，生命永远不会枯燥乏味。可见，学会忘记恰恰正是幸福的良方。

人生是一盘杂味菜，酸甜苦辣咸样样俱全。虽然我们都希望快乐多一些，可世事难遂人愿，我们总会不可避免地尝到苦与辣的味道。在尝到这些苦与辣之后，如果时时挂怀在心，无法忘记，那么又如何去品味人生的甜呢？因此，学会忘记是幸福的必修课，当吃到那些又苦又辣的菜肴时，与其时常含在口中，不如就着饭菜一块儿把它们"咽下"去。

一个装满脏水的杯子，只有倒干净之后才能装进清水；一辆装满了货物的列车，只有清空之后才能重新装载新的东西。同样的，一个人想要幸福和快乐，便应时常清扫埋藏于心灵中的痛苦灰尘，为快乐腾出一片天地。

过去的痛苦无论留下多深的疤痕，都已经是过去的事情了。如果时时

第三章 改变此刻的心情

记挂在心里，没事便去掀开伤口看一看，那么这道伤永远都不会有愈合的可能。换句话说，那些让我们不愉快的事物没必要占据我们内心太久，这些东西并不值得保留，对于这些东西，学会遗忘比时时忌恨更好。学会忘记，我们才能为快乐和动力腾出空间，才能轻装上阵，远涉千里。

常有人说："时间会抚平一切伤痕。"而遗忘，正是那双帮助我们抚平伤痕的手。上天赐给我们很多宝贵的礼物，其中之一即是"遗忘"。

人生会经历许多苦难，但无论多么痛苦，生命也总是需要继续前进。当心爱的人离开时，我们是痛苦的，但只要走出阴霾，继续前进，就一定还能遇到生命的温暖，可如果一直沉溺在消沉与忧郁的情绪中，那么即便是明媚的阳光，也无法带给你崭新的希望；投资的股票"绿油油"一片，但只要打起精神，就还有找到其他出路的可能，如果总因此而苦闷不已，即便新的机会摆在眼前，恐怕也会视而不见；期待已久的升职加薪打了"水漂"，但只要收拾心情，重新出发，就可能得到新的机会，如果始终无法释怀，甚至因此放弃工作，那便只能将失败定格在职业生涯之中了。

现实是残酷的，我们无法改变生活带来的苦难，但我们却能掌握自己的内心。接受现实，忘记不快，生命不息，便有无限的可能与希望。别让已过去的苦难成为丢不下的包袱，压垮了奔往幸福的脚步。

刚过而立之年的罗毅刚看起来有些与年纪不大符合的苍老，而且被朋友们偷偷冠以了"祥林哥"的绰号。罗毅刚本来是一个事业小有成就的年轻男士，自己有一家贸易公司，效益还算不错。可这一切在三年前忽然改变了，如今，罗毅刚原本平静幸福的生活已经面目全非。

事情的起因是一个项目投资，对方是罗毅刚多年的老同学和好朋友。当时罗毅刚很看好那个项目，准备以自己的公司做抵押，然后贷款投资，与对方联手拿下那个项目。当然，出于多年的好友关系，罗毅刚十分信任这个好友，这也是他决定参与投资的原因之一。

可是，变故出现了。先是竞标失败，导致资金无法顺利回笼。而后那位好友也不见了踪影，将所有钱款一卷而空。罗毅刚慌了，最后绝望了。原本蓬勃发展的公司被迫抵了债务，富足的生活一下子跌入了谷底。

从那以后，罗毅刚就如同变了个人一样，逢人便说自己的不幸，逢人便打听那个骗了自己的"朋友"的去向。时间飞逝，一晃三年过去了，曾经的痛苦却始终没有远去，罗毅刚依旧沉浸在失败与恼恨中无法自拔……

白手起家的罗毅刚显然并非一个无能之人，事业的失败夺走了他的财富，但并没有夺走他的能力。若是在失败之后，他能重新振作起来，或许已经拥有了另一家规模更大的公司，但很可惜，他始终无法抛下过去的包袱，将生命定格在了失败与痛苦之中。著名的印度诗人泰戈尔曾经说过："如果你为失去太阳而哭泣，那么你也将失去星星。"罗毅刚就是如此，他不但失去了太阳，也在哭泣中失去了星星。

其实，生活中类似的事情并不少见，类似罗毅刚这样的人也很多。但我们都应该明白，过去的人和事都已经过去，无论美好还是痛苦，都已成为生命的印记，生活仍将继续前进，我们应该关心的是现在和将来要如何进行。一味沉浸在曾经的遭遇中无法自拔，只会让现在的时光白白浪费，让自己在一蹶不振、自暴自弃中沦为彻底的失败者。

过去的已经成为过去，如果总为曾经的不如意而耿耿于怀，心灵之船必将不堪重负，记忆之舟也终将难以承载。不懂得忘记过去、把握今天的人，必将被痛苦的过去牵制未来。

所以，不管过去怎样，我们都不应一味沉浸在回忆中，只有忘记过去的痛苦与忧愁，才能迎来未来的快乐与幸福。每个人都应充分认识到，现在这一刻活得真实、活得充实、活得自在才是最重要的。

人生就如同一条河流，生命中所有的一切，都会伴随着时间融入这条河流之中，并随着时间的流逝而不断地改变着。曾经的过往，有一些开心的，也有一些不开心的，但只要沉入河流，便放手让它随波而去吧。遗忘是幸福的良方，学会忘记，才能更好地拥抱生活，更好地享受生命。

- 5 -

所有选择，为随心而活

试卷上的题总是配有一份标准答案，你的选择不是对的就是错的，但人生这份答卷却是没有标准答案的，不一样的选项会带领你抵达不一样的地方，但谁又能说清到底哪个是对、哪个是错的呢？

在一部电影中有这样一句台词："小孩子才分对错，成人只看利弊。"在有些人看来，这句话似乎有点残酷，但事实上确实如此。小时候我们习惯于打破砂锅问到底，总觉得任何事情都应该要分一个对错，但随着我们日渐成熟起来，便明白了一个道理，在这世间上，任何事都没有绝对的对与错，只有我们选择的利与弊。

即便大多数人都选择的选项，也未必就一定是你人生最好的归宿；而那些无人踏足的地方，或许就藏着你打开幸福之门的钥匙。世界上没有两片完全相同的叶子，也不会有两个完全相同的人。每个人都是独立的个体，又何必非要勉强自己去跟随别人的步伐，重复别人的人生呢？

在选择面前，我们唯一该做的，就是顺应自己的本心，选择让自己感到幸福、快乐的那一个选项。人活着是为了幸福，而不是为了名利、地位。人生最大的幸福就是随心而活，选择自己想要的人生，选择做自己喜欢的事，选择陪伴自己喜欢的人。幸福就是这么简单。

有个农夫在自家的院子里挖出了一尊大理石雕像，他不知道这个东西值多少钱，便找到一位艺术品收藏家来鉴定。收藏家看过后，给了农夫一大笔钱，买下了这尊雕像。

农夫拿着钱，心里美滋滋的，他想："现在我有了这么多钱，可以买下好几块地，还能盖个房子，真是太好了！那个收藏家也太傻了，竟然花这么多钱买一块大石头，真不明白他是怎么想的。"

农夫在发出这些感慨的时候，收藏家一面抚摸着雕像，一面念叨："这真是稀有的珍品！竟然有人为了钱，出卖这个无价的宝贝，真是愚蠢啊！"

农夫和收藏家，究竟是谁愚蠢呢？

对于农夫来说，雕像是毫无价值可言的，他所需要的是金钱，金钱可以让他拥有土地，可以用来盖房子，改善生活，因此，能够用毫无价值可言的东西换来一大笔钱，这对于农夫而言是多么幸福的事情啊！农夫有错吗？当然没有，他选择了对自己最好、最有用的东西，这就是他人生答卷上最好的答案。

对于收藏家来说，他早已衣食无忧，相比物质层面的东西，收藏家更加注重的是精神层面的享受。对农夫毫无价值的雕像，对于收藏家而言却是难得一见的艺术精品，这件艺术品所带给他的精神满足，远远比金钱要可贵得多。因此，捧着用钱换来的艺术品时，收藏家同样觉得这是幸福的。收藏家也没有错，不是吗？他选择了自己觉得更有价值的东西，这同样是他人生答卷上最好的答案。

可见，人生就是如此，同一道题目，不同的选项，我们却无法说出究竟谁对谁错，更无法比较出哪一个答案才更正确。人生这份答卷从来都没有标准答案，一千个人眼中就有一千种幸福的方式，一千个人心里就有一千种成功的模式。

世间万象，本来就没有绝对的对与错，生活之路，每个人都有自己的走法；对于价值的定义，也有自己的评判标准，或许大相径庭，或许殊途同归，都没有关系。至于该怎样去完成，那也是自己的选择，其他人没有资格评头论足。人不同，需求也不同，能够跟随本心，各取所需，这就是

/ 第三章 改变此刻的心情 /

最大的幸福。

吴娜和李艾同在一家公司任职,两人都已经是30岁出头的大龄女青年,如今都还是孑然一身。李艾的父母和亲戚朋友每次都热情地给她介绍对象,但没有一个能"功德圆满"的,其中也不乏一些青年才俊和富家子弟。

吴娜多次替李艾感到惋惜:"错过了这么多好男人,难道真想嫁个穷光蛋呀?"但李艾心里有自己的择偶标准,她只图两情相悦,找个知己型的爱人。抱着对感情的这种坚定与执着,上天终于眷顾了她,让她遇到了自己的意中人。他是一名广告策划,虽然没有显赫的家世,但为人很勤奋,又很上进,李艾认定他就是自己今生的伴侣。

对于李艾的选择,吴娜非常不解,她在公司里到处说闲话:"他没房没车,也不是本地人,李艾选择了他以后就等着过苦日子吧!"

李艾认为房子、财富都是身外之物,婚姻遵从的是内心,只有真心相爱才能白头偕老。

幸福没有固定的模式。有的人认为,幸福就是衣食无忧、安逸平静的生活;有的人认为,幸福就是可以实现自己的梦想,获得成功;还有人认为,幸福就是能拥有甜蜜的爱情,能够有个人为自己分担烦恼、分享快乐……幸福涵盖的内容太多了,包括物质、精神两方面,我们不能轻率地下结论,认为谁的选择就是对的,谁的选择就是错的。

不管是吴娜还是李艾,不管是选择物质,还是选择精神,都不能以简单的对或错来评判。每个人对幸福的理解都不相同,你觉得无比幸福的场景,在别人心里或许不值一提,正如别人汲汲营营追求的一切,可能也根本入不了你的眼。

幸福没有统一的标准,选择适合自己的生活方式,随心而活,这就是幸福。生活不是给别人看的电影,而是穿在身上的贴身衣物,是否舒适,是否合心,只有你自己才能真切体会。

- 6 -
别把固执当成伟大的坚持

在《庄子·盗跖》中有一个特别匪夷所思的故事：讲的是一个叫作尾生的年轻人，他和一个姑娘约定在城外桥下见面，然后准备一起私奔。结果这个姑娘被家里人给关起来了，尾生就一直在桥下等。等的过程中突然开始下大雨，河水越涨越高，眼看就要淹上来了。尾生心想，我和姑娘说好在桥下等，自己怎么能失约呢？于是他就抱着桥柱子，继续在那儿等。

等到姑娘终于从家里逃出来到桥下的时候尾生已经被河水淹死了，姑娘也哭得天昏地暗，抱着尾生的尸体一块儿投河自尽了。凭借这个匪夷所思的故事，尾生就这样成为坚守承诺的"代言人"，被万人所歌颂。

确实，信守承诺是难能可贵的品质，但尾生这样的做法真的值得人们称颂吗？河水涨上来了，为什么他不能去桥上等呢？他愚蠢固执，不仅让自己丢了性命，还让深爱他的姑娘也丢了性命。明明只需小小的变通，就能携手走向幸福，为何偏生要让这固执酿成悲剧呢？

不管做什么事情，想要成功，自然要有韧性，要懂得坚持，但坚持不等于固执，很多时候，理想和现实之间是有差距的，计划永远赶不上变化快，你必须学会随时去调整，根据实际情况进行变通。不管什么时候，人都不该为不切实际的誓言和愿望活着。聪明的人与愚蠢的人区别也就在于此：前者懂得变通，知道何时该坚持，何时该放弃，何时该改变；后者只

/ 第三章 改变此刻的心情 /

懂得顽固地坚持，一成不变地固守。

从前有一个捕鱼技术非常娴熟的渔夫，平日里总喜欢随便发誓，而且他非常的死脑筋，就算自己立下的誓言不合实际，他也不肯改变，宁愿将错就错。一次，他听说市面上墨鱼的价格非常高，于是就立下誓言：这次出海只捕捞墨鱼。可偏偏命运就像在捉弄他似的，这次鱼汛带来的全是螃蟹，为了坚守自己的誓言，渔夫只好空手而归。等他上了岸，才知道螃蟹的价格竟比墨鱼还高，为此他非常后悔，于是又发誓以后只捕捞螃蟹。

过了一段时间，他再一次出海，这回遇到的却全是墨鱼，为了实现自己的诺言，他不得不把这些墨鱼都放回海里。晚上，渔夫饥肠辘辘地躺在床上，他又发誓：这回螃蟹和墨鱼都要带回来。

然而，命运再一次和渔夫开了个大玩笑，他第三次出海捕捞上来的既不是螃蟹，也不是墨鱼，而是其他的鱼。为了遵守誓言，渔夫又一次空着手回去了……几天后，坚守誓言的渔夫在饥寒交迫中死去了。

渔夫的死亡既可悲，又可笑。他明明出海三次都有收获，却为了固守毫无意义的誓言，最终在饥寒交迫中死去。

信守承诺、坚持到底，这些都是令人称道的品质，也是一个人取得成功的必备条件，但一些人却错误地理解了这种品质，错把固执当坚持。一味固执不是坚韧，而是愚蠢，它无法帮你实现任何理想，只能带来麻烦和灾难。其实，这个道理很多人都明白，只是有时人们却难以分清，究竟什么时候该坚持，什么时候该放弃。结果往往容易作茧自缚，被莫名的固执束缚了思想，落得了可悲的下场。

人生存于社会，总有需要弯腰低头的时候，若是固守着一份不该有的清高，那么最终只能被生活打败，剩下无尽的委屈和抱怨。

人生活在社会中，总要面对形形色色的人，并不是自己想怎样就能怎样的。我们都是凡夫俗子，终究要回归凡尘俗世，而生活在俗世，就得学会面对现实，固执己见只会将自己孤立于人群之外。

放下你的固执吧！你可以在人生的道路上轻装上阵，尽情地沐浴雨露阳光，收获像金黄的稻子般的幸福和快乐，走向无限广阔自由的天地。

- 7 -

接纳痛，不抱怨，不逃避

拿一只杯子，放入咖啡粉，把烧开的水冲入，等咖啡粉溶于水中后，再倒入准备好的牛奶，放几颗方糖，勺子搅拌一番，一杯简单快速的速溶咖啡就这样冲成了。捧起这杯咖啡，现在，请你告诉我，如何才能喝到咖啡里香浓的牛奶呢？

生活其实就像这杯冲好的咖啡，里面有苦涩的咖啡粉，有香浓的牛奶，有甜蜜的方糖，它们相互交融在一起，难舍难分。我们不可能只喝里头的牛奶，也无法只吃溶在其中的方糖，想要尝到奶香与甜蜜，便只能将咖啡一饮而尽。

痛苦与幸福就好像同一杯咖啡中苦涩的咖啡和香浓的牛奶，它们交织缠绕，难舍难分，共同组成了生活。我们无法将生活分离成单独的痛苦或幸福，想要拥有幸福，就势必会品尝痛苦，因此，只有当我们能够坦然接受痛苦的时候，才能品出幸福的滋味。

生活中确实存在很多我们不喜欢的事。例如：你在单位拼命工作很多年，老板却把晋升的职位给了他的一个亲戚；有些人不学无术，但老天似乎总是对他一路开绿灯，而你很努力、很勤奋，却处处碰壁……这样的事

/ 第三章 改变此刻的心情 /

情确实令人难以接受，但很多时候，面对这些不公和痛苦，我们也确实没有能力去改变。于是，有的人会因此心情郁闷、灰心丧气，甚至可能怨天尤人，愤世嫉俗。

但这样又能改变什么呢？不公不会因我们的抱怨而消失，痛苦也不会因我们的愤世嫉俗而离去。沉浸在对痛苦的控诉中，除了增加烦恼之外，根本起不到任何实际的作用。世界就是这么残酷，生活除了阳光之外还有风雨。

黄铜在一家保险公司上班，这是一份很难做的工作。第一个月、第二个月、第三个月……黄铜虽然很努力，很勤奋，但业务开展得却很困难，结果老板不仅每月只象征性地给他几百元，还总是阴沉着脸斥责他。黄铜觉得委屈极了，之后对工作也敷衍了事，他曾愤愤地对一个朋友说："业务不好也不怨我啊，我到公司都一年了，苛刻的老板连工资都不给我涨。改天我也要对他拍桌子，然后辞职不干。"

听了这话，这位朋友反问黄铜："你把保险业务都弄清楚了吗？"

"没有"，黄铜回答，"工资那么少，我为什么要做那么多？"

"要我说啊，你应该把业务完全搞通，然后再一走了之，这样才值！"朋友说道。

黄铜听从了朋友的建议，决定一改往日的散漫作风。开始认真工作起来，他不仅学习保险业务，还研究如何推销保险的方法。怎么样做才能让人们愿意接受保险业务员呢？考虑到人们拒绝保险是因为不了解保险，黄铜决定在社区里举办一场"保险小常识"讲座，免费为居民们讲解保险方面的常识。在做这些事情的同时，黄铜接下来的工作也进行得顺利多了，业绩突飞猛进，薪水也跟着翻了倍。

黄铜的待遇为何发生了改变呢？是他所在的公司改变了吗？是他的老板换人了吗？不是！公司是同一家，老板也没有变，是黄铜自己发生了改变。他接受了老板的苛责，接受了工作中的难题，他的工作态度变得主动热情，能力日益提高，老板自然对他刮目相看，涨薪水当然也就水到渠成了。

人的心态是非常重要的，当你无法接受生活不好的那一面时，往往会将自己的不如意统统归咎于生活，在怨天尤人中消耗光阴，浪费生命。但如果你能坦然接受这一切，用豁达的心去面对生活的不如意时，反而会积极地用行动改变自己，进而改变生活。

美国著名小说家塔金顿年轻时曾蒙眼体验过一次盲人生活，事后他直呼"受不了，太可怕"，并断言"我可以忍受一切变故，除了失明，我绝不可能忍受失明"。可在60多岁的时候，有一天塔金顿正在低着头扫视房间地面上的地毯，他突然发现自己看不清地毯的颜色和图案了。去医院检查，医生告诉他一个不幸的消息：他的视力正在减退，其中一只眼已几近失明，另一只也快看不见了。

塔金顿最恐惧的事发生了，家人都以为他会沮丧、会抱怨，甚至自暴自弃。但塔金顿没有，他的反应很平静，反而宽慰家人说："虽然我不喜欢发生这样的事情，但我也知道自己无法逃避，所以唯一能减轻痛苦的办法，就是爽爽快快地去接受它。"为了恢复视力，塔金顿在一年之内做了12次手术，但他从未因此而烦恼过，还经常鼓励病友们振作起来。眼球里有黑斑浮动，会挡住塔金顿的视线，当有人问他是否感到不便时，他幽默地说道："当它们晃过我的视野时，我会说：'嗨！天气这么好，你要到哪儿去！'"

塔金顿积极地适应着这样的生活，最终他的视力居然恢复了。在谈及自己那段经历时，塔金顿感慨道："即便我的眼睛失明了，我还可以靠思想生活，我有终生追求的理想，我有爱我和我爱着的人……这件事教会我如何忍受，而且使我了解到，生命所能带给我的，没有一样是我能力所不及而不能忍受的。"

现实有时会很残酷，现实有时会很无情，现实有时又会很无奈，但这就是真实的世界。你可以不喜欢，但有些事终究是要面对的，逃避解决不了任何问题，抱怨也改变不了任何事情。痛苦与幸福总是如影随形，当你拒绝接受痛苦的时候，同时也在远离幸福。所以请坦然接受吧！生活就是如此，有明媚的美好，也有残酷的黑暗，当你能够张开双臂，坦然接受生活的痛苦时，你会发现，幸福也已经被你拥入怀中。

- 8 -

很多时候，疲惫源于想得太多

托尔斯泰曾说过："没有单纯、善良和真实，就没有伟大。"单纯是一种简单而纯真的关系。它的意义在于萌动心灵的意识，用单纯的心去接近生活中复杂事物的真实层面。正是这样一种渴望和祈求，创造了人性纯真而朴实的爱，让我们感受到一种淡然而滋润的快乐。

很多时候，思想和行为的过度倾向往往只会减损快乐。快乐来自心中有爱，有信仰和希望，这些都是人性最本初的质朴，所以可以这样说，快乐根植于单纯。保持一颗单纯的心，于事，专注踏实；于人，友善真诚。在现实生活中显现出一种至纯至简的情怀，便能驶往人生幸福的彼岸。

现在的人们之所以不幸福，往往就是因为想得太多、太深入，他们总想看清未来的本质，将苦难和死亡赤裸裸摆放在眼前，仿佛明天就要面对一样，每天被时间追赶着跑，每天都在躲避苦难中度过。这样的生活所带来的，只是无尽的疲惫和沉重，将我们逼入绝境的，其实恰恰正是我们自己。

一个年轻人在森林中探险的时候，遇到了一只老虎。为了活命，年轻人拼了命地逃跑，最终被逼到了一个断崖边上。

俯瞰悬崖下，年轻人想：与其被老虎活活咬死，还不如跳下悬崖，说不定还有一线生机。于是他闭上眼睛纵身一跳，将自己的命运交给了老天爷。跳到一半的时候，年轻人突然停住了，他睁眼一看，发现自己落在了一棵长在悬崖边的梅树上，树上结满了梅子。

年轻人如获重生，喜从心生。可就在这时，一声闷雷似的吼声从他脚底传来。他用余光一瞥，一只凶猛的狮子正在崖底踱来踱去地抬头望着他。

年轻人刚放下的心瞬间又提到了嗓子眼儿，更不妙的是，他的耳边传来了一阵窸窸窣窣的声音：一黑一白两只老鼠正在用力地咬着梅树的树干。

他惊慌得几乎颤抖起来，这让本来就不怎么壮实的树干也跟着不住地晃动。这时，年轻人转而一想：既然已经这样了，我就不要这么紧张了吧；万一没被摔死、咬死，反倒被吓死，那岂不是太亏了？

这样一想，年轻人真就慢慢平静下来了。没过多久，情绪平复的他感到腹中有些饥饿，看到手边的梅子长得正好，便顺手摘了一些吃起来，他甚至感到自己从来没吃过那么酸甜可口的梅子。吃完后，困意渐浓。年轻人心想：反正迟早都是死，还不如现在，趁着死之前好好睡上一觉呢。于是，他闭上眼睛，在一个三角形的枝丫上沉沉地睡去。

不知过了多长时间，等他睡醒后再次睁开眼睛的时候，他甚至都有些不敢相信自己的眼睛：黑白小老鼠不见了，老虎、狮子也不见了。最终，年轻人顺着树枝，小心翼翼地攀上悬崖，脱离了险境。

原来，就在他熟睡的时候，饥饿的老虎按捺不住，跃下悬崖。两只小老鼠听到老虎的吼声，惊慌而逃。跳下悬崖的老虎与崖下的狮子经过激烈打斗，也都双双负伤而遁。

看，命运有时就是这么有趣。当你奋起反抗，不断挣扎时，它可能将你步步逼入绝境；当你欣然接受，豁达以对时，它却又可能给你一线生机。古人说的好，人世间的事，只需做到"尽人事，听天命"便足够了，其他的，就交给命运去安排吧。如果命运果真已然陷入绝境，那就安然享受树上甜美的果子吧。

人生之初，苦难与死亡就已经注定要去面对：苦难就像一只饥饿的老虎，或尾随或追赶；死亡如同一头凶猛的狮子，一直在悬崖的尽头等待。而白天与黑夜，就像一白一黑两只老鼠，不停地啃噬着我们暂时栖身的生活之树，直到有一天我们会跌入狮子的口中。

即便困境就在眼前，我们也有逃脱的办法，命运安排了一切，我们只要做好自己的事情，其余一切都可以顺其自然。去除内心的负担，我们才能拥有宽阔的胸襟和健康的心态。当摒弃内心的一切杂念，以豁达之心、简约之态去看待世间的人和事，我们才能获得心情的愉悦和灵魂的升华。

在现实生活中，很多人却往往背道而驰：

当你想开怀大笑的时候，你紧闭着嘴不敢笑出声来；

当你感到伤心郁闷的时候，你又强忍着眼泪，不让它掉下来；

当你看见一位老人跌倒在路边，你视而不见，因为你在想：一定又是一个讹人的骗局；

当你从一位衣衫褴褛的乞丐旁走过，你没有丝毫的停留，因为你在想：等他收工了，指不定会去哪里大吃大喝。

你说生活本就是这样复杂，而你只不过是多了一个心眼。

可是，你有没有想过，因为这个心眼，那个老人可能就永远站不起来，那个乞丐或许又要饿着肚子度过一晚？

你说心里充满了忧郁，可你有没有想过那些忧郁源自哪里，或者说它们到底存不存在？

你标榜自己感情丰富，而你的感情又是针对什么呢？自己、朋友、家人，还是对生活？

你解释说，这都是因为自己长大了，不能再像以前那么幼稚了，应该多思考，思考生活，思考一切。

可是，别人都在欢笑，而你却一直保持严肃的面容，一个人呆坐在角落。

生活其实很简单，真正复杂的是人心。我们心里装着什么，折射出来的世界就是什么样子。当我们用内心的狭隘、怀疑甚至卑劣的眼光去看待世界时，我们眼中自然只能看到黑暗的深渊；当我们心中充满了善良、真诚、仁爱、责任等美好品性时，我们自然便能窥见生活的美好与纯净。

很多时候，痛苦往往源于我们"想得太多"。若命运给我们安排了一个落脚的地方，为何不坦然去接受呢。苦难固然可怕，但只要保持一颗平常心，安然享受树上甜美的果子，转机或许就在下一秒！

- 9 -

并没有"运气一直变坏"这回事

世界上最可怕的事情，莫过于"墨菲定律"了吧！简单来说，这个定律告诉我们，当一件事情变好和变坏的概率相同时，它总会朝着糟糕的方向发展！这大约称得上"毒鸡汤"的鼻祖了。

在生活中，我们确实常常会有这样的体验：等公交车的时候，你等哪一辆，哪一辆偏偏不来，当你决定不等了，刚走出去，车就来了；排队办事的时候，你排哪边，哪边通常就会是最慢的，可一旦你换队伍，你刚换的那个队伍又成最慢的了……这究竟是怎么回事呢？我们的运气真的总会

/ 第三章　改变此刻的心情 /

一直变坏？

澳大利亚科学家曾经做过这样一个实验：他们找到几个年龄、职业、收入、能力相当的同性别测试者，假定一系列问题，观察他们的反应。

这些测试如下：

让他们同时设想他们将各自拥有一份工作，这份工作符合他们的能力，年薪数额和奖金数额一模一样，只是工作的内容完全不同；

让他们同时设想他们各自娶了一名女性，这些女性都是秀外慧中的美女，各项条件都不错，旗鼓相当，只是性格不大一样，有的很活泼，有的很文静；

让他们同时设想吃一份顶级晚餐，名厨打造，价格高昂，菜式差不多，不同的是，厨师不一样，一个来自西班牙，一个来自法国……

类似的测试还有很多，有些是测试人员直接帮他们选择，有些由他们自己选择。最后测试人员发现，几乎所有人对自己的工作、妻子、晚餐都不满意，不管是不是出于自己的选择。他们不约而同地认为，其他人得到的东西更好，其他人的选择更正确，他们甚至懊恼自己为什么没有这样的运气。测试人员相信，即使把一模一样的苹果放在他们面前，他们也会认为自己手里的是最糟糕的一个。

这个实验确实令人深思，想想看吧，当我们在超市排队付款的时候，是不是也常常会在选择排队队伍中犹豫不决。通常我们会先选择一个相对人少的队伍，可不一会儿就会觉得自己选错了，这个队伍似乎是最慢的，于是，懊恼的情绪开始发酵，反复后悔自己当初为什么没能选对。如果我们站到一旁，以旁观者的视角去观察，很可能就会发现，其实队伍的进度是一样的，我们之所以总觉得自己选错，总被失落感折磨，是因为我们总是把自己放在一个很高的标准上。就像实验中的这些人，总是觉得别人手里的才是最好的，如果真的把别人手里的给他们，他们却也未必就真能感到满意。

在现实生活中，很多人的心态都是如此，他们总觉得自己的生活不够好，当然，他们未必会抱怨，只是心里一直有这么个念头，总觉得自己得到的是最差的，自己的运气一向没有那么好，于是心中产生了各式各样的惆怅，这种惆怅的核心内容是：××很好，但不如我想象的那么好。至于想象的有多好，其实他们自己也不知道。

这种心态其实很奇妙，说不上是贪婪，只是一种混杂了羡慕、虚荣、失意的复杂情绪，多数时候，这就是对生活本身的惆怅感。当自己没有资格说不满意，不觉得哪里真的不好时，心中却还是隐隐地抱着更多的期待，期望着别样的生活，在这样的情绪下，自然会觉得自己站到了最慢的队伍中。

在大海里，有一条美丽的小鱼正在游来游去，一张网突然向它罩了过来，下一秒，它已经在渔人的船上了。渔人看它长得很可爱，便当作生日礼物送给了邻居家的小女孩。

邻居小女孩是个善良可爱的孩子，她十分喜爱这条小鱼，小心翼翼地把小鱼放在一个精致的鱼缸里养起来，并与小鱼朝夕相处。然而，小鱼并不快乐，因为这个鱼缸太小了，游不了多远就会碰到鱼缸的内壁。

小鱼越长越大，也变得越来越漂亮，小女孩更喜欢它了，可是这个鱼缸对它来说确实显得太小了，甚至连转个身都很困难。小鱼更加烦闷，有时甚至连动一下身子都不愿意。小女孩似乎看出了小鱼的心事，有一天，小女孩将它从水里捞出来，放到了一个更大的水缸里。

小鱼终于能游动身体了，可没过几天，它发现自己仍然游不了几下就能碰到内壁。当它碰到内壁的时候，心情又会变得很差。它实在讨厌极了这种转圈圈的生活，索性悬浮在水中，一动不动，也不进食，一心求死。

女孩看到小鱼这个样子心里非常着急，虽然她舍不得自己的小伙伴，但为了小鱼的幸福，她还是决定把它放回大海。小鱼被放入海水中后，不停地游着，可心中却依然快乐不起来。一天，它游着游着碰到了另外一条鱼，那条鱼问它："你看起来总是闷闷不乐的样子，难道在这无边无际的大海里生活不够自由吗？"它叹了口气说："唉！这个鱼缸太大了，我怎么也游不到边上了！"

很多时候，我们其实就像故事中的小鱼，身处鱼缸中时总向往大海，可若真有一天到了海洋，却又开始怀念旧日的鱼缸了。很多时候，人的不开心不是因为不曾拥有想要的，而是因为总向往着得不到的，并将这种向往变成了一种常态，整日在"求而不得"的情绪中郁郁寡欢。讽刺的是，即便有一天，这种向往变成了现实，他们又会产生新的向往，然后继续沉浸在旧日的情绪里。这样的人，不管给他什么，让他拥有多少，他也不会开怀。因为他根本就不知道，自己内心真正想要的东西到底是什么。

人之所以不快乐，往往不是因为找不到出路而迷茫，而是因为自己根本不知道想要的是什么，这样的人无论给他怎样的人生他都能鸡蛋里面挑骨头。人生苦短，何必让自己过得这样辛苦而绝望呢？白玫瑰虽不如红玫瑰热烈奔放，却有属于自己的高贵典雅；红玫瑰虽不如白玫瑰清灵纯洁，却有属于自己的如火热情。不管是曲折幽深的小道，还是宽阔明朗的马路，都有各自独特的风景。既然选择了就不要后悔，随心而行，随遇而安，享受自己脚下的道路，或许你会发现，你已经站在了最快的队伍中！

第四章

学会心灵断舍离

人生是一场漫长的旅行，
总会遇到很多人事、很多风景、很多境遇。
贪心的人总想把一切塞进行囊，
却忘了过重的背包只会拖累前行的脚步；
豁达的人懂得割舍，反而行得轻松、长远。
心灵空间有限，放下不需要的东西，
才能让幸福有栖息之地。

- 1 -

压力会把你割伤，也可以为你所用

英国著名的心理学家罗伯尔说过这样一句话："压力犹如一把尖刀。它可以为我们所用，也可以把我们割伤。那要看你握住的是刀刃还是刀柄。"

生活中，压力无处不在。上学时，考试成绩是一种压力；上班时，工作业绩是一种压力；甚至过年回家时，连结婚生子也成为了一种压力。当我们看到别人生活惬意、舒适的时候，常常会羡慕不已，心里总会想：人家怎么没有压力，看上去真是轻松呀！但其实，当我们和周围的朋友聊起来的时候，却发现原来在别人眼中，反而觉得我们才是没有压力的那群人。事实上，这只是一种"当局者迷，旁观者清"的心态在作祟，让我们以为生活是别处的好，幸福是别人的事。

实际上，在压力面前，人人平等。生活对于我们每个人都是公平的，除了不谙世事的小孩子，每个成年人都要经受风吹雨打、烈日暴晒。诸如此类的压力，是每个人都无法避免的，只是或多或少、或大或小罢了。比如工人面对下岗时有压力，基层干部想要晋升有压力，项目经理业绩平平时有压力，学生面对升学问题同样也有压力，毕业生在择业时依然有压力……可以说，每个人有每个人的压力，每种角色有每种角色的压力。

压力无人不有，无处不在，没有一个人是能够轻轻松松就活下去的。要想真的让自己活得轻松快乐，我们就必须学会排解压力，并将压力变成我们前行的动力。

一位高三年级的老师，在看到学生们为了冲刺高考奋力拼搏，备感压力而又不懂得调整自己的状态后，想出来这样一个帮他们缓解情绪的办法。一天，他端着一个水杯对学生们说："哪个同学可以告诉我你能拿这杯水多长时间？"

听了老师的话，同学们七嘴八舌地议论纷纷，有的说"这太小意思了，拿几个小时不成问题"，有的说"恐怕一会就累了，拿不了多久"……

此时，老师继续说道："这个问题并不难，放在手上拿一会儿就知道了。"

接下来，老师让几个学生分别试了一下，最终的结果都差不多，每个人拿的时间都在十分钟左右不等。

试验过后，老师又说道："你们刚才端着水杯的过程，肯定是先觉得很轻松，慢慢地就会有手酸的感觉，再然后就是整只胳膊感到麻木，直到最后拿不住了。"这几个学生点点头，听老师继续说，"你们只拿了几分钟，可是你们知道吗，有人可以拿一天，甚至更久。"同学们听了老师的话，感到很是错愕，纷纷表示不相信，便向老师投去疑问的目光。

只听老师说："他们是怎么做到拿一天的呢？其实并不是一直端着，而是时不时地放下杯子，休息片刻再拿起来。你们说，这样是不是坚持一年都没问题呀！"

同学们似乎明白了老师的用意，纷纷点头表示认同。

压力就像老师端来的那杯水一样，很多时候，当我们感觉被压力压得喘不过气来，往往并不是因为压力本身有多大，而是我们不懂得放下，让自己的手休息片刻。想要长久地端着一杯水，就要懂得在适当的时候放下杯子，让自己休息片刻。对于压力同样也是如此，懂得放下，才能长久背负，若是一味地承受，那么只会让自己越来越疲惫。

/ 第四章　学会心灵断舍离 /

毛毛大学刚毕业，便和恋爱多年的男友步入了婚姻的殿堂。第二年，他们便有了自己的宝宝。毛毛一方面要工作，一方面又要照顾孩子，一方面还要配合家里的婆婆。一时间，毛毛感到压力空前的大，甚至有些难以承受了，这让从小没吃过多少苦的她感到疲累交加，痛苦不堪。

周末的一天，毛毛回娘家，便跟父亲诉起苦来。父亲什么也没说，带着她径直来到厨房，然后拿出三口锅，分别放上胡萝卜、鸡蛋和咖啡豆，然后点燃炉灶给三口锅加温。毛毛一直不明白父亲葫芦里卖的什么药，只好静静地看着。水开之后，父亲让毛毛看这三种食物，毛毛发现，胡萝卜已经软了，鸡蛋已经煮熟了，咖啡也已经煮得很香。

毛毛不明就里，父亲解释道："面对同样的时间，同样温度的水，这三种东西的反应却不尽相同。胡萝卜本来是硬的东西，但煮熟后变得软了；鸡蛋的内部本来是液体，但煮熟后变得有了韧性；咖啡的本事最大了，它不但没有因为水而改变自己的味道，反而更加香醇了，而且它还改变了整锅水的颜色。"

压力无处不在，但不同的人面对压力会呈现出不同的状态。胡萝卜在"压力"面前变得软弱了；"鸡蛋"在压力之下变得坚韧了；而"咖啡"呢，则在压力之下变得更加香醇了。毛毛的父亲很聪明，他用生活中一个最简单的例子告诉了毛毛一个最浅显而深刻的道理：面对压力，乐观的人善于将其变为动力，而悲观的人则会任由压力改变自己。

既然压力不可避免，那么我们何不学一学咖啡的精神呢，让自己享受这份压力，在压力中历练自己，让自己变得越发成熟而有魅力。

一位管理人士曾说过这样一句话："人生活在世界上，每天都像动物一样在大草原上猎食，有时丰收，有时失败；有时自己跌倒，有时看到别人跌倒，但是这其中最大的不同，就在于这个人多快才能站起来。"所以说，跌倒和失败并不可怕，只要我们能在跌倒与失败之后，让自己尽快地从压力中站起来，以乐观的生活态度，去适应时代的变迁，那么一定能走出属于自己的优雅步伐。

　　压力是刀，握着刀刃，自会伤得血肉横飞；假若握着刀柄，它便能为我们披荆斩棘！面对压力，不要悲观，不要恐惧，而是应该以笑相对，并想尽一切办法，把压力转化成动力。要知道，小的压力可以激发我们的斗志，大一点的压力可以启迪我们的智慧。当我们懂得享受认识压力、缓解压力、战胜压力的过程，便能从中体悟到人生的别样乐趣。

- 2 -

与其忍耐，不如说出你的委屈

　　网络上有这样一句流行语："能说出来的委屈就不是委屈。"这句话乍一听，感觉有些莫名其妙，这委屈就是委屈，跟说不说得出来有什么关系呢？其实，我们不妨从另一个角度来理解一下这句话：当我们感觉心里不舒服，也就是觉得受委屈的时候，如果能把心中的感受说出来，找个人倒倒苦水，那么就会感觉舒服很多，委屈也就慢慢消散了；如果我们只是一直憋着，那么这种委屈的感觉不仅不会消失，反而会随着时间的推移愈演愈烈。可见，把委屈说出来很重要。

　　相比西方国家的人来说，中国人是比较含蓄和压抑的。很多人从小接受的教育就是"隐忍"，即受了委屈之后要默默咽下，不要轻易就把自己的委屈说出来，而是应该选择默默承受，一个人静静疗伤。这种方式其实非常不利于身心健康，一个人长期压抑自己的情绪，是非常容易引发抑郁的。

/ 第四章　学会心灵断舍离 /

另外，受了委屈不说，不仅自己不好受，也会让关心自己的人担心。

夏天一过完，青青就要去上小学了，虽然学校离家不远，但青青的妈妈还是时常担心女儿。不是妈妈太敏感，而是因为青青本身就是个内向的孩子，受了委屈只会暗自掉眼泪，却从不说出来。

一天，妈妈下班后，见到青青一个人坐在沙发上发呆，问她怎么了，她也不说。妈妈去问青青的奶奶，奶奶说，放学接她时眼睛就红红的，怎么问也不肯说出是怎么回事。妈妈再去问青青，青青就开始哭了，一边哭一边委屈地看着妈妈，就是不肯说原因。

还有一天，是个周末，青青和另外一个小姑娘在楼下玩踢毽子，青青妈妈和那个小姑娘的妈妈就坐在离两个孩子不远的地方聊天。不一会，青青哭丧着小脸跑到了妈妈身边，妈妈一问她怎么了，她就哭了起来。接着，另一个小姑娘也扑到了妈妈怀里，向妈妈哭诉说："青青把我的毽子踢坏了，还不承认，我再也不跟她玩了。"

青青听到那个小姑娘的话后，小拳头攥得紧紧的，哭声也更大了。青青妈妈知道宝贝女儿受了委屈，很想问女儿到底是怎么回事，是不是被冤枉了，但青青什么也不为自己辩解，就知道哭。

在生活中，像青青这样的小孩有很多，不光小孩子，很多成年人其实也都是这样，有什么委屈就只会憋在心里，任别人怎么问也不肯轻易说出来。他们总希望别人能理解自己，支持自己，但是偏偏却又不肯好好地去和别人沟通。要知道，不管多亲近的人，你不说出来，谁也不可能完全了解你的想法，语言的作用不就是用来进行沟通交流的吗？一味的沉默和哭泣是解决不了任何事情的。

在受到委屈时，就应该发泄出来，大声地说出来。当你将自己的委屈向身边的亲人、好友倾诉时，你自己也会感觉轻松很多。

小诗是个乖巧、善良又漂亮的女孩，从小就受到很多人的喜爱，男朋友杰克更是将其视如珍宝。不过，小诗也有个缺点，就是凡事爱憋在心里，受了委屈总是沉默而不说话。

年底了，杰克公司要举办年会，他带着小诗一起参加。刚吃完饭，杰克就被同事拉去唱歌了。唱了两三首歌后，杰克再次回到小诗身边，却发现小诗眉头紧皱，眼圈发红，都要哭出来了。杰克慌了，赶忙问她怎么了，小诗却把脸扭向一边不理他。杰克挪动身子，对着小诗的脸刚想再次开口询问时，小诗却无声地哭了起来。杰克心疼地为她抹眼泪，小诗把他的手一甩，直接跑走了。

过了好多天杰克才弄清楚，原来那天他跟一个女同事唱歌时，女同事一直搂着他的脖子不放，小诗看到了这一幕，便觉得特别委屈。好劝歹劝，终于把小诗劝好后，却又发生了一件让杰克头疼的事。

小诗随杰克去参加他的同学会，一整天，大家都相谈甚欢。但是离开时，杰克发现小诗的脸色已经没有刚来时那么好了，一路上，杰克一直试图跟小诗聊聊天，但小诗的脸色却越来越阴沉，并且始终沉默着。

跟以前一样，无论杰克怎么询问，小诗就是不说。哄了好半天，小诗才说，杰克一位女同学带来的男朋友在即将散场时摸了她屁股一把，还色眯眯地盯着她看了很久。杰克立刻柔声安慰女友，并给自己那位女同学打了电话，提醒她小心自己的男友。

最后，杰克对小诗说："你是个从不喜欢抱怨的女孩，这点，我很为你感到骄傲。但是，如果你受了什么委屈，我希望你能大声地说出来。说出来了，我才能知道你的想法，才能帮你分担。"

小诗哪里都好，却是个不会倒苦水的闷罐子，她这样不仅让自己难过，还害得关心她的杰克也烦恼不已。像小诗这样的人很多，他们总是习惯把委屈闷在心里，似乎觉得说出来就会给别人增添麻烦。如果心中已经产生了不好的情绪，却一味压抑而不去疏解，会让心灵更加沉重，让自己也更加难受。想要让自己不再那么难过，让关心自己的人也不再担心，就应该大声地把委屈说出来。

我们不应成为抱怨不休的"祥林嫂"，但也不该做只会默默垂泪的"闷罐子"。生活中总会遇到不如意，相恋多年的爱人可能说变心就变心，温馨幸福的家庭背后，也藏着许多的失落与不安，努力未必就能得到回报，付出也未必就能收获感恩……

遭遇这些事情，我们心中自然会感到委屈、憋闷，这个时候，不妨大声地说出来，让这些压抑和痛苦发泄出去，卸掉了委屈的包袱，心灵才能轻装上阵，大步向前。

- 3 -

别把时间浪费在后悔上

浮沉扰攘人世间，有时，命运的确太过难测。一个小小的变数，就可以完全改变命运的走向；一个任性的转身，也许就会造就一辈子的错过。有时，错过一瞬，便是错过一生。因此，在我们还能拥有的时候，还能爱的时候，一定要学会珍惜，争取让人生减少遗憾。

但是，人生中总有很多无法改变的遗憾。不管我们多么不舍，多么悔恨，有的东西，一旦错过了，便只能成为永恒的记忆。很多人想不透彻，总在错过之后依然紧紧抱着后悔和遗憾，让逝去的曾经变成禁锢自己的枷锁，却反而让自己错过了更多的幸福。

不要因为错过一棵树，而失去了整片森林；不要因为摘不到一颗星星，而放弃了整片天空。否则，等年华不再，我们会发现仅仅只是错过了一次，却可能因为放不下遗憾而错过了所有。

几年前，某单位有两位年长女性在同一个星期内相继去世，领导分别去探访两家遗属。在第一个家庭，死者儿子说："我觉得母亲过世是我的错，我应该坚持送她去医院，才不致延误病情。如果我坚持的话，她今天一定还活着。"

之后领导去第二家慰问。那一家的儿子说："我觉得母亲去世是我的错，要是我不坚持送她去医院就好了。一连串的检查，治疗环境又无法适应，她吃不消所以就走了。"两位死者的儿子都在为自己的"错误"而后悔不已。

当我们遭遇失败和挫折时，往往会想，如果当初选择另一条路，是不是就能避免这样的痛苦了？事实上，另一个选择未必就真的更好。很多时候，我们之所以会感到后悔，不在于我们选择了什么，而在于我们遭遇了什么。不管怎么样，人生都是无法回头的，把注意力集中在过去的事上，只是一种对生命的浪费。

心理学家洛易·鲍枚斯特研究发现，一般人每天后悔自责的时间总计约为两个小时，其中39分钟是中度至严重愧疚。后悔愧疚虽然有自省的作用，但是大多数的愧疚都是毫无意义的。安诺德说："悔恨之于人，犹如烂泥之于猪，唯一的用处，只是在里面折腾。"当我们为错过的东西而后悔时，往往只能让自己裹足不前。不管多么美好还是多么痛苦，当一段经历成为遗憾之后，我们就不应再去为它浪费任何时间和精力。错过了太阳，便应该努力把握即将到来的星星和月亮，你的眼泪不能挽回任何东西，只会模糊你的视线，让你错过更多原本唾手可得的幸福。

人生总有得与失，得到了一件东西就必须放弃另外一件东西。失去的便是失去了，不管你多么遗憾，多么悔恨，也不可能让人生再回头重来一次。别让遗憾占据心灵，堵住了幸福的大门。

有一位知名的艺术家，一直都未结婚生子。有一天，一个女子找到他，对他说道："我非常喜欢你，让我做你的妻子吧，错过我，你将再也找不到比我更爱你的女人了。"艺术家也比较中意这名女子，但他仍然回答说："让我考虑考虑吧！"

那位女子走后，艺术家想了很久，他把结婚与不结婚的优劣之处分别列下来，才发现二者均等，真不知如何选择……于是，他陷入长期的苦恼之中。最后，他觉得如果一个人面临抉择而无法取舍的时候，应该选择自己尚未经历过的那一个，所以，他决定结婚。

艺术家来到了女人的家，问女人的父亲说："你的女儿呢？请你告诉她，我考虑好了，我决定娶她为妻。"

女人的父亲冷淡地回答道："你晚来了3年，我女儿现在已经是两个孩子的妈妈了。"艺术家呆住了，并陷入深深的懊悔中……几年后，艺术家抑郁成疾，临死前，他将自己的所有作品都丢入火堆，只剩下一段对人生的注解：如果将人生一分为二，前半生的人生哲学是"选择好"，后半段的人生哲学是"不后悔"。

艺术家本来可以拥有美好的爱情和婚姻，却因犹豫而错过了。之后他又长期活在后悔和自责中，直至生命的最后，才终于明白，"不后悔"方才是人生的大智慧。

其实，人这一生都是在做选择题，不论选了哪个答案，我们都必须用自己的一生为这一选择负责。不管选得好还是选得差，已经选了的便再也没有更改的可能。选了就选了，即使错了也就错了，无论哪一条路，都能走得有滋有味。

错过的就让它成为过去吧！生活其实就像爬山一样，上山的路有很多条，纵然风景各不一样，但无论选择哪条路走下去，终会到达山顶，最怕的就是走到半山腰的时候，因后悔选错了路，而不断重新修改路线，延误了前进的脚步。

法国作家蒙田说："如果容许我再过一次人生，我愿意重复我的生活。因为，我向来就不后悔过去，不惧怕将来。"后悔是世上最无用的东西，后悔不能挽回失去的，更不能把握将至的。当我们为失去而后悔不已时，很可能已经错过了又一次幸福的机会。人生的空间是有限的，若是被后悔占据，哪有接纳幸福的空间？

人总是容易后知后觉，往往在失去之后才可能认识到那个人或者那个东西对我们而言是多么重要，但这个时候想要再寻回往往已经力不从心了。与其浪费生命在悔恨之中，倒不如潇洒挥手告别过去，整理好衣衫，微笑着走向下一个路口。

人的生命是有限的，不要把美丽的时光浪费在后悔中，后悔没有一点意义。这世上还有无数的机缘、巧合和邂逅，有无数的人生际遇等待着我们。错过的已经无法挽回，但我们可以从现在开始去把握每一次属于自己的机缘，只有把握好现在，才不会制造下一个"后悔"。

- 4 -

生活总有更好的安排，打开门接纳

谁都想嫁给世界上最完美的男人，谁都想娶到世界上最漂亮的女人，谁都指望自个儿事事如意，谁都期许自个儿时时顺遂……可人这一生，偏

/ 第四章　学会心灵断舍离 /

偏不如意之事十有八九，哪能真过得一帆风顺呢？然而，即便是那不如意，却也有着别样的滋味儿，即便是那些不完美，却也有值得人驻足欣赏的美丽。

很多时候，我们之所以不幸福，并非是因为生活太苦，而是期望太高。完美的东西人人都渴望，但扪心自问，你所拥有的，难道真就没有可取之处，真就没有值得留恋的吗？远方的美景，再美丽也是虚幻，近旁的破房子，再不济也能为你遮风挡雨。与其总盼着那够不着的海市蜃楼，倒不如打开门，让够得着的幸福走进来，或许你会发现，手里握着的东西，也有令人舍不下的温暖。

白兰答应李勇做他女朋友的时候，心里其实没有那么满意。李勇距离她心目中"白马王子"的标准还差很远。或许是抱着一种"骑驴找马"的心态吧，白兰还是成为李勇的女朋友。

李勇对白兰很好，事事都为她考虑周全。

只要天气预报说会下雨，白兰包里就一定会出现一把伞；只要白兰有几声咳嗽，第二天壶里就一定会灌满金桔水；感冒发烧更是不用说，热腾腾的稀饭和搭配好的药随时备在那里……可即便如此，白兰依然还是觉得不满意，她心里总还是期盼着能遇着更好的男人。

后来，白兰和李勇还是分手了。

兜兜转转几年后，依旧单身的白兰接到了李勇的喜帖，看着他挽着别人的手走进教堂，白兰心里突然一阵空落落的。这几年间，她遇到过高大帅气的林俊；遇到过事业有成的王楠；遇到过温柔多情的张伟……可到最后却发现，心中最割舍不下的，却是那包包里的雨伞，壶里的金桔水，还有那热气腾腾的稀饭。

只是，一切都已成往事，看着曾经伸手就能够得着的幸福越走越远，白兰流下了悔恨的泪水。

人们总是抬着头四处询问："幸福在哪里？"却鲜少有人能低下头，看看自己的掌心，其实，幸福不就握在你的手中吗！白兰曾经离幸福那么近，但可惜，太多的欲望迷了她的眼睛，占据了她的心灵，以致她的眼中只看得到远方虚幻的完美，却忽略了近在眼前的温暖。

就像《大话西游》中的至尊宝，他曾经离幸福那么近，只要伸出手就能牢牢抓住那个人。但可惜，太多的执念占据了他的心，直至失去的那一刻，他才发现，原来真正想要的已经渐行渐远，于是才有了那赚足万千眼泪的台词——"曾经有一份真挚的感情摆在我的眼前，我没有珍惜，直到失去的时候才后悔莫及……"

幸福不在远方，它其实一直就在你的身旁，在你生活的点点滴滴之中。我们看不到幸福，是因为心中杂念太多，欲望太盛。其实，再崎岖的山路，也能看到令人迷醉的风景；再清淡的泉水，也能滋润干渴的喉咙；再普通的食物，也能解决腹中的饥饿。

不要总是看着远方，够得着的才叫幸福，摸得到的才是生活。当你能够坦然接受现实的不完美时，才会发现，你寻寻觅觅的东西其实一直就藏在不完美的生活里。

五年前，大学毕业的李静来到目前所在的这家房地产公司，一干就是五年。

这五年里，她从最开始的业务员做起，一年后升任业务主管，三年后成了业务经理，今年还有望再次升为区域经理。五年来，不管是李静个人，还是她所带领的部门，每个季度的销售业绩都名列公司前茅。为此，她深得老板的器重和同事们的尊重。

今年秋季，公司要提拔一名区域经理，按照公司以往的惯例，是按照业绩排名和综合成绩择优挑选的。也就是说，李静是非常合适的人选之一。若是真能获得这个职位，李静无疑将成就五年"三级跳"的职场传奇。

随着这一消息的传出，李静有些扬扬自得起来，再加上周遭同事们投来的讨好目光，让她更加飘飘然了。

可是，当公司的人事任命下来之后，结果却大大出乎李静及其他同事的预料，公司居然提拔了另外一个人。

得知这个消息后，李静的心情一落千丈，强烈的挫败感让她觉得自己难以再在这家公司继续待下去了，不久后李静就辞职了。

看得出来，李静确实是个不可多得的优秀人才。最终没能顺利实现"三级跳"，着实出乎她及同事们的预料。最终的结果既已成事实，任谁都改变不了，如果李静能够接受现实，并从中找出自己的不足和对方比自己更具优势的地方，那么相信从这一次的失败中，李静一定能够学到很多东西，从而让自己更上一层楼。但很可惜，仅仅因为一次没能实现的升职，李静便轻而易举地选择了离职，放弃了自己努力经营了五年的"战场"。难道到一个全新的公司，李静就能找到自己想要的东西吗？恐怕未必吧，在新的地方，李静只能再一次重新开始，重新累积，可谁又知道，这一次她的际遇会如何呢？

其实，类似李静这样的情况，很多人都可能遇到。一些看上去理所当然的事，以为唾手可得的东西，最终却让人大跌眼镜。这固然会令人感到失望，如果仅仅因为这小小的失望和挫折，我们就全盘否定过往的所有，甚至将一切都拒之门外，那对我们又有什么好处呢？

当我们将失败拒之门外时，成功也无法走进我们的生活；当我们将痛苦拒之门外时，幸福也敲不开我们的大门。生活就是这样一出悲喜剧，有开心的，也有失落的，有阳光明媚，也少不了阴云密布。勇敢地打开门吧，当你能够坦然接受生活的赐予，珍惜拥有的一切时，幸福自然会如期而至。

- 5 -

冲动时，魔鬼就在身边

冲动是"魔鬼"，专以幸福为食粮。

在现实生活中，多少悲剧都是由冲动所引发的；多少误解都是因冲动而激化的；多少幸福都是被冲动所毁灭的……虽然人们常说"气头上的话当不得真"，但那些"当不得真"的气话，却往往会成为最伤人的利剑，把幸福伤得支离破碎。

冲动是"魔鬼"，当人处于冲动状态中的时候，注意力往往都会集中在令他冲动的事情上，大脑容易"短路"，根本不会去考虑冲动带来的后果，这往往也正是悲剧上演的前兆。社会新闻版块每天都在上演着这样的故事：某女因为一时冲动将硫酸泼在"小三"脸上；沉迷于网游的男孩因为母亲不给自己零花钱，而将母亲活活打死……类似的消息屡见不鲜。这些令人错愕的悲剧极其形象地向人们展现了冲动所带来的后果。

有媒体报道过一件发生在美国加利福尼亚州的事，内容大致是这样的：

一个父亲新购买了一辆大型卡车，他对这辆车爱护有加。有一天，他的小女儿拿着一个硬物在大卡车上划下了许多明显的划痕。父亲知道后，怒火中烧，一气之下用铁丝把女儿的双手绑了起来，然后将她吊在车库前，作为惩罚。

随后，这位父亲就离开了车库。4个多小时后，他才想起被自己绑在

/ 第四章 学会心灵断舍离 /

外面的女儿。于是他急忙赶到车库,结果发现女儿的手已经被铁丝勒得血液不流畅了。

这个父亲赶紧把孩子送到社区医院的急诊室,但一切都已经晚了,医生告诉他:孩子的手已经坏死,如果不截掉手掌,很有可能危及生命。

这位父亲悲痛欲绝,可是一切都为时已晚,他只能眼睁睁地看着孩子失去了宝贵的双手。

大约半年后,这位父亲将大卡车送厂重新烤漆,大卡车焕然一新。当父亲将大卡车开回家后,小女孩看着重新烤过漆的大卡车,天真地对父亲说:"爸爸!你的大卡车真漂亮,看起来就跟新的一样。"接着,小女孩又无邪地伸出了她那被截断的双手,半开玩笑半认真地对父亲说:"不过,爸爸什么时候才能把我的手还给我呀?"

听了女儿的话,这位被愧疚折磨许久的父亲终于崩溃了,他最终选择了自杀,以此来结束自己因一时冲动造成对女儿的伤害而带来的煎熬。

这样的悲剧令人扼腕叹息。父亲明明深爱着女儿,却因为一时之气而伤害了女儿,导致她失去了双手。而后,在长久的愧疚和痛苦中,这个父亲又在冲动中结束了自己的生命。可他何曾想过,失去了双手,又失去了父亲的女孩,今后的人生将会走得多么艰难啊!如果当初父亲能够克制自己的冲动情绪,那么就不会葬送女儿的双手;如果在犯错之后,父亲能坚强地面对生活,不因冲动而结束自己的生命,那么女儿至少不会失去依靠。由此可见,冲动不仅于事无补,而且会使事情越变越糟,甚至毁掉你的一生。

不管遇到多么令人悲愤的事,也不管境况有多么糟糕,都不能让冲动占据我们的内心,因为一旦被冲动所掌控,就无异于被魔鬼操纵,这时候我们的所作所为及所言所语都可能给他人和自己带来不可挽回的伤害。

林恩和罗城是在一次异国旅行中认识的,在短暂的相处中,两人惊喜地发现,彼此竟有如此多的契合之处。很快,林恩和罗城就确定了恋爱关系,并决定携手步入婚姻的殿堂。

可没想到的是,在两人的婚礼上,林恩的前男友出现了,罗城无意中听到林恩对前男友说,当初自己是把罗城当成了失恋后的"救生圈"。

罗城听后非常愤怒,对林恩的爱情顿时变成了刻骨铭心的仇恨。为了报复林恩,在婚礼当天晚上,罗城故意没回家而去了酒吧和其他女孩子疯玩了一夜。这场婚礼最终成了一场闹剧,罗城和林恩也从此势同水火。

多年之后,在一个朋友孩子的满月宴会上,罗城与林恩再次相逢了,时隔多年,他们对彼此的恨也冲淡了不少。

谈起当年那段往事时,罗城才知道,原来那天在婚礼上,林恩的前男友是来求"复合"的,而林恩则果断拒绝了前男友,她对前男友说的是:"虽然一开始,我把罗城当成了失恋后的'救生圈',但在后来的相处中,我已经深深地爱上了他,在我答应他求婚的那一刻,我就已经决定要和他携手走完这一生了。"

可惜的是,当时被愤怒冲昏了头脑的罗城只听到了林恩的前半句话,由此错过了眼前的幸福,让那段爱情沦为伤人害己的一场闹剧。

如果当时罗城能够克制冲动的情绪,和林恩把一切事情说清楚,或许这对曾经相知相爱的恋人如今已经组建起了幸福的家庭。可惜,冲动让罗城失去了理智,将原本象征着忠贞与幸福的婚礼变成了残忍的报复工具。

冲动是魔鬼,冲动无好果。如果我们不希望把事情变得更糟,那么就努力打败那些"魔鬼"吧!不管你有多么愤怒,不管你有多么痛苦,都请克制住冲动的情绪,给自己一些时间,擦亮理智的双眼,别让冲动这"魔鬼"吞了幸福的果实!

从心理层面来说,一般人的愤怒情绪,在没有再次刺激的情况下,最多持续十分钟。十分钟后,一般都会渐渐冷静下来。所以,当你愤怒时,可以找点别的事情来做或思考,转移你的注意力,度过这危险的十分钟。要知道,这短短的十分钟很可能会成为拯救你人生的关键!

- 6 -

享受孤独的美

许多人常常有这样的感觉，即使身处闹市，也只能用眼睛去领略来来往往的过客，这个或者那个，却感受不到任何来自对方心灵的气息；即使与人觥筹交错，对酒当歌，也触动不了彼此心中深埋着的情感，感觉不到对方对自己的影响，或者自己对对方的影响。

"孤身身处何处有净土，独立立在哪里无霜露。"莫文蔚用她几近绝望的声音撩拨着我们的灵魂，把"孤独"两个字诠释得有滋有味，仿佛孤独对于每个人来说，都是痛苦，都是悲凉，都是内心无边无际的苦苦挣扎。

然而，复旦大学最有魅力的情商课老师陈果却给出了对于"孤独"另类的解读。她说："孤独不等于寂寞，孤独是一种自成世界的独处，是一种完整的状态，它没有缺失的遗憾。但凡真正的禅者、冥想者都是孤独的人。而寂寞却是迫于无奈的虚无，百无聊赖，像困兽般踱来踱去，总是想要逃出无所适从的牢笼……"基于如此观点，她建议大家去换一种心境——"享受孤独"。是啊，当一个人实在无法忍受孤独的时候，那么不如换种心态，试着去享受孤独，在孤独中感知幸福。

黄明是一个很内向的人，平时不爱说话，总是喜欢独处。他觉得自己就像一根很轻很轻的羽毛，随着人潮流浪，任由不同世事充满他的人生，自由自在，孤独地享受着天空和白云。

一天的工作终于结束了，他回到住处，女友和同事一起出去了，留下他一个人安静地坐在窗前。习惯了晚上与女友在一起的他此时不知道一个人该干什么。拿着遥控器随意地看着电视，却没有什么可以吸引他的电视节目，翻看很久都没有碰过的书，却没有看进去一个字。这时的夜，已经渐渐深了，在静静的夜里，他思考着一些问题……

为什么工作之后就丧失了曾有的那份上进心？仔细想想，工作五年以来，在事业上的确没有取得什么较大的成就，一直守着一份简单的工作，不敢放弃，怕离开这里就无法生活。但是却让时间在一个个平淡的日子中流走，让自己也失去了许多实现自身价值的机会。

他又想到，他以前的很多同学现在都已经成就了一番事业，有的都有了自己的公司，有的有了较高的职位，而他自己还是老样子。想看看书，却又没有目标，不知道看什么书。偶尔用QQ同家人聊天，在亲情中体会温暖，这样的时间总能让自己感到幸福。如今的生活看似很悠闲，但却失去了上进心，怎么去超越自己呢？怎么去实现自己的人生价值呢？

夜，真静，又一阵孤独感袭来，他觉得应该写点什么。毕竟自己也是一路奋斗过来的，也该留下点美好的东西来慢慢回味。记得曾有人说过：什么能够证明你的年龄？那就是记忆。只有记忆才能把一个人丰富多彩的人生再次呈现。一个人如果没有记忆，那么他就没有值得回忆的过去。文字就是记忆的载体，留存在心中的记忆会随着人的消失而消逝，文字却能把它们清晰地呈现出来，分享给每一个人。他在孤独寂寞中，渐渐体会到写出自己的记忆和感受的必要，这样也好让自己的生命消耗得有点价值。

于是，黄明坐在窗前，打开精致的笔记本鼓励自己在孤独的时候去充分享受独处的乐趣。回想过去，美好的记忆再一次从心中浮现，把这些记忆以文字的形式表现出来，给大家分享。今夜，他充分享受到了孤独的美好。

孤独是一种宁静、一种升华、一种魄力。享受孤独是一种感受，而怎

/ 第四章 学会心灵断舍离 /

样去对待孤独则是一种境界。孤独来临时，不要恐惧，试着细细地去品味、去享受它，让自己在孤独中静静地思考生活中的得失对错，这何尝不是一件好事情呢？学会享受孤独，才能更好地发现生活中的美，才能更好地感知人生的幸福。

姗姗是某公司的职员，在大都市中过着单身的生活。平时很多的独处时光都被繁忙的生活和工作给耗去了。可这一段时间，因为休年假而在家静养，她经常面对一个人的世界，而寂静的环境总是特别容易让人产生孤独之感。刚开始的时候，她有些烦躁，有些伤感，不愿独自面对这一切，孤独让她在纷乱的思绪中焦躁不安，无法入眠。有时候甚至会不自觉地潸然泪下。也许已经习惯了平时的忙碌，习惯了原来的生活节奏，猛然放慢速度，她感到有些不知所措，一时之间也很难调适过来。

早上醒来后，她盯着天花板看了一会儿，再看看自己的房间，突然想到自己已经很长时间没有彻底清理过房子了，干脆趁今天在家休息，将家"修饰"一番。

说干就干，她开始洗衣服、拆被套、换床单、扫地、清理垃圾、拖地……当她看到原来凌乱不堪的房间变得干干净净时，忽然发觉自己的天地也随之焕然一新。看着整洁的一切，嗅嗅刚换上的床单、被套，那种甜丝丝的味道，她一下觉得舒心了许多。品味着自己在孤独中"打造"的一片清新天地，觉得身体也好了许多。就这样，她站在屋子中央傻乎乎地笑了，她猛然发现：孤独之中的生活也是如此的美好！

晚上盖上晒过的被子，上面弥漫着一股阳光的味道，暖暖的，包围着她的每一寸肌肤。就这样，在以后静养的那些孤独日子里，她再也不会不知所措，而是用自己的方式一点点地品味着那美好的孤独生活。

人是生而孤独的，面对孤独时，要学会调整自己的心态，当你能够享受孤独，并在孤独中重新审视生活、认识生活时，你才会发现，孤独之中也能品出别样的幸福。孤独未必就会带来无尽的寂寞，一个人的生活同样能够有滋有味。你可以选择静静地入睡，让身心得到充分的休息；你也可以安静地阅读，用书本来丰富自己的大脑；或者上网收集一些自己喜欢的歌曲，让美妙的旋律在寂静的空间里陪伴自己；或是写一些自己的心灵感悟，让自己的心灵获得最大的自由……当你能够轻松闲适地享受孤独时，这又何尝不是一种幸福呢？

在孤独之中，你拥有可以自由支配的时间和空间，平淡的日子在享受生活的心态中也会变得熠熠生辉。这时你会发觉，放慢脚步原来是如此的美好！于是，寂寞不再，孤独也不再。来吧，让我们驻足生活中的点滴，简单、忘我地生活，去找到一片属于自己的幸福天空。

- 7 -

当你遭遇生活中烦人的小事

夏日午后，一个人坐在桌前，正准备享用一杯香浓的咖啡，餐桌上放满了咖啡壶、咖啡杯和糖，心情无比放松。这时一只苍蝇飞进房间，嗡嗡作响直往糖上飞，顿时让人整个好心境全无，烦躁无比。这人愤怒地起身开始追打苍蝇，结果桌子翻了，杯子碎了，咖啡也洒得满地皆是，片刻之间房间一片狼藉，最后苍蝇还是悠悠地从窗口飞走了……

在生活中，我们随时可能会遇到类似的情况：原本一切都非常美好，却总是被一些小事情所羁绊，最后弄得心烦意乱、一片狼藉……正如哲人们所说的:"很多时候,让我们疲惫的并不是面前的高山与漫长的旅途,而是自己鞋里的一粒微小的沙砾。"

先来看一个故事:

在科罗拉多州长山的山坡上,躺着一棵已有140多年历史的大树残躯。在漫长的生命长河中,它曾被闪电击中过14次,无数次被狂风暴雨侵袭,但是它都坚持了下来,直到后来,一队小甲虫的攻击却让它永远倒在了地上。那些小甲虫虽然小,但它们从根部向里咬,持续不断地攻击大树,损伤了大树的根基。就这样,这棵森林的巨木,岁月不曾使它枯萎,雷电不曾将它击倒,狂风暴雨不曾动摇它,却被一队用大拇指和食指就能轻易捻死的小甲虫给打倒了。

很多时候,我们不就像森林中那棵身经百战的大树一样吗?挺得过狂风暴雨的袭击,经得住电闪雷鸣的恫吓,但却偏偏输给了小甲虫——那些用大拇指和食指就能捻死的弱小生物。这大概也就是人们常常感叹的:"阴沟里翻了船。"

生活就是如此,越是看似微不足道的小事,越是容易成为造就不幸的根源。磨灭爱情的,往往不是什么生离死别,而是生活中柴米油盐的细枝末节;浇灭激情的,往往不是什么狂风骤雨,而是那些你毫不在意的烦琐日常。千里之堤,溃于蚁穴。那些你以为没有任何杀伤力的东西,往往会成为毁灭你幸福生活的罪魁祸首。就像鞋子里的小沙砾一般,看似微小,却一直在伤害你的脚,耗尽你的气力,直至最终毁了你的远行。

常为小事烦恼,人生苦多乐少。那些过得快活而安然的人会随时倒出生活中烦人的"小沙砾",他们心胸宽广,心境超脱,不为鸡毛蒜皮之事抓狂,也不斤斤计较,如此才能求得心情的平静,境随心转自然得安然。内心世界清静了,也才能腾出更多的空间来接纳幸福,以更广阔的视角去发现生活的美好。

当一个人总为小事而烦恼时，往往是因为他还没有大烦恼。一旦遇到大烦恼，甚至生命处于危险之中时，人们往往会发现，原先的小烦恼是那么渺小、荒唐，实在不值得为此浪费宝贵的时光。这也就是为什么很多事情人们在经历时总也想不通，但直至生命快要走向尽头时，一切却仿佛豁然开朗了。

1945年3月，美国士兵罗伯特·摩尔和战友在太平洋海下的潜水艇里执行任务，他们从雷达上发现一支日军舰队朝这边开来，于是就向其中的一艘驱逐舰发射了三枚鱼雷，可惜都没有击中，却被对方发现了。三分钟后，天崩地裂，6枚深水炸弹在四周炸开。深水炸弹不断投下，整整15个小时，有十几二十个深水炸弹在离他们50英尺左右的地方炸开。若深水炸弹离潜水艇不足17英尺的话，潜水艇就会被炸出一个洞来。

第一次距离死亡如此近，罗伯特吓得不敢呼吸，全身发冷，牙齿打战。这15小时简直如同15年那么漫长。过去的生活一一浮现在眼前，罗伯特想到自己曾为工作时间长、薪水少、没机会升迁而发愁；也曾为没钱买房子，买车子，买好衣服而忧虑；还为自己额头上的一块伤疤发愁过。以前这些事看起来都是大事，可在此刻，罗伯特觉得那些事情是多么的荒唐、渺小，他向自己发誓，"如果我还能有机会看见明天的太阳，我永远也不会再为那些小事烦恼了"。

15小时之后，攻击停止了，罗伯特死里逃生。自此以后，罗伯特过上了另外一种全新的生活，他再也没有为生活的小事烦恼过，并找到了内心的安定与平静。

在死亡面前，除了活着，还有什么更重要的呢？在生活中，我们听到过太多的抱怨，抱怨今天的太阳太晒，抱怨食堂的饭菜太难吃，抱怨要做的工作太多，抱怨自己拥有的一切不够完美……我们总以为，这些抱怨都是微不足道的，但却不曾想过，正是这些小小的抱怨和不满，毁掉了我们面对生活的积极与热忱。

生活就是由无数小事串联起来的,当我们事事抱怨、时时不满时,本身就是对生活的挑剔,当我们总抱着挑剔的目光来打量生活时,又怎么可能从中发现美好,找到幸福呢?而且,从医学的角度看,经常为小事烦恼,对身心健康也是极其有害的。

难过也是一天,快乐也是一天。你的今天要怎么过,完全取决于你自己的选择。记得随时倒出鞋里烦人的"小沙砾",别让那微不足道的小烦恼毁了生命的远行。

- 8 -

他人的如意,不是你不平的理由

萨特说:"他人即地狱。"这句话很有意思,细细想来,在生活中,我们的很多痛苦和不快乐,确实都与他人有着千丝万缕的联系。

中国有句古话——"不患寡而患不均"。意思就是说,不担心分到的东西少,而是担心分到的不均匀。这确实符合大多数人的心理。当一群人在一起,每个人都过着苦日子的时候,大家往往都相安无事,可能心里也不觉得有多苦。如果其中一个人突然有钱了,日子变得好了,那么其他人必然会心理产生不平衡,痛苦和矛盾也就由此而生了。

人的很多认知和判断其实都是建立在对比之上的。当每个人吃的都是馒头时,你并不会觉得吃馒头有什么不好,但如果有人吃上了肉,而你手里拿着的依然是馒头，你恐怕就会开始对生活产生不满了——凭什么别人有肉而我只有馒头呀！

这其实很有趣，仔细想想，在别人没吃上肉之前，你对自己每天吃馒头并没有什么不满，而现在，你的一切都没有改变，却因为看到别人的改变就对自己的生活产生了不满。可见，我们不幸福的根源，往往不在于自身所处环境的变化，而是在于自己与他人之间对比产生的差距。

这个世界上有一种人非常可怕，那就是"见不得别人好"的人。这种人的心理是非常扭曲的，他们自己痛苦，便也希望别人和他们一块儿痛苦；他们的生活过得不如意，便也想让别人过得不如意。之所以会产生这种变态的心理，归根结底，是因为这样的人根本不懂得什么叫作"尊重"。

试想，如果你尊重一个人，会盼着他过得不好吗？如果你尊重生命，会轻易地伤人害己吗？如果你尊重自己，会因为一时的痛苦就自暴自弃吗？一个内心没有尊重的人，是永远都不会幸福的，无论他拥有多少，无论他获得多少，他永远都不会感到满足，因为这个世界上，总还有比他更好的人，总还有更多美好的东西，在这样的人眼中，一切美好对于他来说都是折磨。

尊重是孕育幸福的沃土，一个懂得尊重的人，才能品出世界的美好，一个懂得尊重的人，也才能体会生活的幸福。

1987年9月22日的一个早晨，哈佛大学的雷万恩教授正在给一年级的博士生上人类与心理发展研讨课。

开始上课后，雷万恩教授对大家说："同学们，非常欢迎你们来哈佛求学，今天是大家第一天上课。在给大家上课之前，我希望大家在哈佛的求学生涯中不仅要学会做学生，学会做学问，还要学会做人。"说到这里，雷万恩教授刻意停顿了一下，此时场面已是一片寂静。

他接着说："大家要在学习当中学会如何与别人相处，不要死读书，更不要做书呆子。对于学问上的争论，大家既要有自己的观点，不人云亦云，

/ 第四章　学会心灵断舍离 /

又要有虚心的态度，不要因学术观点不同而伤了彼此间的和气……"

说到这里，雷万恩教授问大家："我讲这些话，大家有没有什么问题？"

"您能举几个例子说明一下吗？"有个同学开口说。

"好！"雷万恩教授笑笑说，"我们就先说——做人。在我们系里，论私交我与柯尔伯格的关系最密切，我们毕业于同一所大学，毕业后又一同留校工作，后来我们两个人还一起到教育学院教书。由于学术见解的差异，我们俩有一段时间几乎到了水火不容的地步。他极力主张人类的道德发展是一致的，而且也是一成不变的；我则主张人类的道德发展存在着巨大的文化差异。就这个问题，我们定了一条君子协定，就是当面尽量争吵，但背后不要议论对方，而且还要尽量说对方的好话。所以，我现在告诉大家，柯尔伯格是美国乃至世界著名的心理学家，他的理论对心理学的发展做出了突出的贡献。你们说，我是不是在真诚地夸赞他呢？"

大家听了都笑起来，但突然雷万恩教授沉寂下来，一脸沉重地对大家说："可惜你们今后再也听不到柯尔伯格对我的赞赏了，因为他今年年初已经不幸去世了，他的去世对系里和我本人来讲都是一个沉重的打击。他是个真正的学者，别人用四年时间读大学，而他只需要两年时间就把这些内容读完了。在人类道德发展的研究中，他巧妙地运用了一个两难抉择的故事成功地勾画出人类道德判断的三水平六阶段，使皮亚杰的认知理论在美国发扬光大，也使他的案例研究法为各个学科的学者所广泛运用。在心理学历史上，没有一个人像他一样能从一个小故事的不同判断并开创出一套十分完整的理论体系。所以说，柯尔伯格为我们开辟了这个先河……"

从某个层面来说，雷万恩教授与好友柯尔伯格的关系其实很像小说《三国演义》中的周瑜和诸葛亮。他们两人都非常聪明、非常优秀，在学术成就上也不分伯仲。但他们之间的关系与周瑜和诸葛亮之间的关系却又截然不同。面对才华盖世的诸葛亮，周瑜更多的是愤怒和嫉妒，以至于发出了"既生瑜，何生亮"的慨叹。但雷万恩教授则不同，他面对优秀的柯尔伯格，更多的是尊重和欣赏，正是这种彼此的尊重，才让这两个优秀的人成为了志趣相投的朋友。

在不懂尊重的人眼中，别人的优秀和幸福就是造就自己痛苦的根源；而在心存尊重的人眼中，一切美好都能成为幸福的源泉。尊重是幸福的前提，学会用尊重的眼光去看待世界，看待生活，你会发现，即便是贫瘠的土地，也能开出芬芳的幸福之花！

第五章

做踮起脚够得到
的人生规划

远大的理想即便光芒万丈，若无法实现也毫无意义；
近旁的目标虽看似平凡，但只要到达便能有所收获。
幸福其实很简单：要仰望星空，更要立足现实，
做自己做得了的事，追求自己够得着的东西。
得到自然开怀，知足便能常乐。

- 1 -

平凡的人，也有精彩的人生

相貌丑陋、反应迟钝的人比一般人更容易受到歧视，但在这个世界上，有人天生就不漂亮，也不聪明，他们再怎么努力也比不过那些相貌可人、脑筋灵活的。天生条件不好的他们，总是会因为别人的歧视而感到委屈和煎熬，为了不再受到歧视，他们也在一直努力想让自己变成强者，但现实总是事与愿违。

其实，平凡并不是错，只要在自己能力范围内将事情努力做好就可以了，没必要非得强迫自己成为人人都喜欢和赞赏的人，如果总是勉强自己去做那些能力之外的事，那么无论获得多少都很难拥有快乐。

别的小孩在两三岁时都是白白嫩嫩，皮肤吹弹可破，但小米不同，虽然是女孩子，但她天生就长得很黑。因为外表让小米从小就属于姥姥不疼舅舅不爱的那种，连幼儿园老师看到她都皱眉，惊讶这个小丫头怎么能长这么难看。单是难看也就罢了，她还不是很聪明，当别的小孩都已经学会写字时，她却连汉语拼音最简单的三个元音字母"a、o、e"都念不清楚，所以在学校非常不讨老师喜欢。

从小学到高中，小米每次考试都是中等偏下的成绩，老师不待见她，同学们也不爱和她玩。在学校时，小米最讨厌的就是课间操，因为每当课间操结束后，别的同学都三三两两地相拥回教室，而她却总是一个人孤零零的。为了让同学们不再歧视自己,小米决定要比别人付出更多的时间来用功学习,别的学生晚上九点之前就睡了,她却要熬到十一二点钟,熬夜之后,她每天早晨六点钟还要准时起床。

小米把全部心思都放在了学习上,她以为只要自己成绩上去了,同学们自然会对自己刮目相看。尽管小米非常用功地在学习,但她的最好成绩也只是班上的中游水平,反而因为她只顾学习而不主动和同学交往,同学们就更加不愿意和她说话了,这让小米越发觉得自卑又委屈。

她很想把心里的苦恼告诉父母,可是父母只会一个劲地教导她要做一个有出息的人,不能给家里大人丢脸。都说十六七岁是最美好的年华,但小米却觉得自己的生命中只有苦涩,她没有办法让自己快乐起来。

强者,多么令人心驰神往的一个称呼啊!成为强者,势必会受到众人的敬仰和注目。谁都想成为人人仰望的强者,谁都想在人群中做最优秀的那一个。但生活就是不公平的,不是每个人都能成为强者。有的人生来就是天才,有的人却连智商都难以达标,哪怕付出比别人更多的努力,也始终落在众人后面,成为被歧视、被看不起的那一个。就比如坐在同一桌上听课的两个人,尽管他们读的书一样,用的时间也差不多,但考试时结果却可能是一个成绩很好,一个成绩很差。

可即便如此,每个人依旧有着自己的价值,每个人在这个世界上依然是独一无二的存在。强者与弱者在能力上虽然有差距,但在人格上依旧是平等的。

其实,我们为什么非得勉强自己去做个强者呢?生活不是竞赛,跑在前面的人未必就一定比落在后面的人开心。人生苦短,为何不能随心而活呢?平凡不是一件可耻的事情,在这普天之下,强者毕竟是少数,平凡的我们才是芸芸众生最真实的写照。只要努力了,对得起自己,哪怕一辈子平凡普通,也是值得为自己骄傲的。

/ 第五章 做踮起脚够得到的人生规划 /

小琼的父母是属于典型的"超生游击队",她上面有一个姐姐,下面有一弟一妹,夹在中间的她一出生就注定得不到多少关注。因为不受关注,小琼考试不及格会被骂,可考了前几名却没人夸。

虽然总被父母忽略,但小琼却一点儿也不介意,天生反应有点迟钝的她是个大大的乐天派。她从不会因为父母更关注弟妹而感到不忿,反而时常帮忙照顾弟弟和妹妹,有事没事就逗他们开心,以至于弟妹们见到她比见到爸妈还亲。

上小学时,小琼的成绩偶尔还能跳到前十名,初二以后就不行了,经常被物理和化学题弄得头昏脑涨。理科老师们都是喜欢那些学习成绩好的学生,但是她总是死乞白赖地缠着那几位老师,遇到不懂的题目就不停地去问,尽管成绩还是不行,但能及格,小琼就已经很开心了。

小琼的父母对她说:"你这孩子怎么这么心大啊?整天傻呵呵的,以后我们老了,还怎么指望你啊。"已经上高中的小琼则笑呵呵地说道:"我是不聪明,但有我一口饭吃,就有你们吃的。我要是考不上大学,就去打工养活你们。"

虽然看上去傻乎乎的,但小琼的人缘很好。她很爱笑,也爱讲笑话逗别人笑,无论什么时候,她都乐呵呵的,和她在一起的人都会被她的积极向上的正能量所感染。时间长了,喜欢和她交朋友的人越来越多。朋友们都说,小琼性格随和、开朗,爱帮助人,是个值得信赖的朋友。

在生活中,像小琼这样脑子不聪明,表现也不算优秀的人非常多。他们可能会因平凡而被人忽略,也可能会因表现不好而被人轻视,但即便如此,也不意味着他们就不能拥有快乐的生活、拥有真心的朋友。平凡不要紧,更重要的是,你以什么样的心态来看待自己的平凡,以什么样的心态来面对生活。坦然承认自己的平凡吧!何必非要强迫自己去成为强者,去做自己并不擅长的事情呢?与其拼了命似的去追逐自己够不着的成功,为何不用心去做些够得着的规划呢?有一首歌不是这样唱吗:老天爱笨小孩。

人生需要努力，但无须强求。再笨的小孩也会有人偏爱，再平凡的我们也会找到幸福。努力做一个勤勤恳恳、乐观向上的普通人吧，人生短短数十载，与其追寻看不到的精彩，不如成全一份快乐的平凡。

- 2 -

自立：为自己的人生买单

人类在很早很早以前就是群居动物，因为个人的力量是很弱小的，在竞争激烈的自然界中很难存活下去。现在也是如此，所以才有了集体，有了社会。群体的力量确实比个人要强大得多，但即便如此，我们也不能忘记，人同时也是个体，有独立的思想和灵魂，如果过分依赖群体，那么必将失去自我。

现在很多人都习惯于麻烦别人，而且还心安理得。当然，作为社会人，无论在生活还是工作中，总有需要他人帮忙的时候，但请人帮忙或者帮助别人，都必须有一个度。不管大事也好，小事也罢，都应该在自身能力和方便程度上多加权衡。一件事如果离了别人的帮助实在干不了了，请人帮忙也无可厚非；如果只需要你稍加努力就可以做到，再麻烦别人就实在说不过去了。

也许你会说，在家靠兄弟，出门靠朋友。这些人都是你的好哥们儿、好朋友，请他们帮个忙是理所应当的。殊不知，今天让这个人帮，明天让那个人帮，时间久了，你就有了依赖心理，自己就会变懒了，甚至那些能

/ 第五章　做踮起脚够得到的人生规划 /

通过些许努力就做到的事情也必须要人帮忙，如果有一天，再也没有人帮你的时候，你又该怎么生活下去呢？

美国有一种家喻户晓的美食叫"琼斯乳猪香肠"，在它的背后有一段催人泪下的与命运做斗争的故事。

琼斯本来是威斯康星州一个小小的农场主，从小生活贫困的他，身体强壮，工作认真，因此日子过得还算美满。然而，一次意外改变了琼斯一生的命运。

琼斯不小心出了交通事故，从灾难中醒来的他瘫痪了，躺在床上一动不能动。亲朋好友纷纷前来看他，他们大概认定琼斯这一辈子算是完了，都表示会竭尽所能地去帮助他。琼斯也曾陷入绝望的阴影里无法自拔，他每天都在抱怨命运的不公，靠着朋友们的同情和施舍挨日子。

一天，琼斯的母亲实在看不下去了，对他说："琼斯，我不愿意听你说生活的糟糕是上天的意愿。虽然你残疾了，但也要把命运掌握在自己手中，不要埋怨上天，更不要等着别人的同情和帮助。一旦别人的同情和帮助都施舍完了，你将会怎样？"

母亲的话让琼斯有如醍醐灌顶，他心想："是啊！我为什么只是埋怨上天而没想到靠自己去改变命运呢？我的双手虽然不能工作了，但我的大脑并没有坏，凭什么只能依靠别人的同情和施舍过日子呢？"

从此，琼斯变了，他不再抱怨，而是开始想办法如何养活自己以及妻子、孩子。经过多日的思考，琼斯心中有了打算，他告诉家人："我想咱们的农场需要改良，把土地全都种上玉米，然后用收获的玉米来养猪，趁着乳猪肉质鲜嫩时灌成香肠出售，产供销一条龙，这种香肠一定会很畅销！"

事情就这样如火如荼地展开了，果然不出琼斯所料，经过勤奋努力"琼斯乳猪香肠"一炮走红，成为家喻户晓、大受欢迎的美食，琼斯也靠着自己的努力过上了富足的生活。

天无绝人之路，生活丢给我们一个难题，同时也会赐给我们解决问题的能力。琼斯虽然惨遭事故，但他坚信人生没有过不去的坎儿，他依然坚持自力更生，不靠朋友的施舍和恩惠生活，终于战胜了自己，成为了人生的大赢家。

永远都不要认为别人帮你的忙，是理所当然的事情。别人肯帮你是情分，不帮你也没有任何错误。人生在世，不要事事都想着依靠别人，将所有希望都寄托于别人身上，这不仅会让你成为他人的负担，也是对自己极不负责的表现。

再者，虽说亲戚朋友多走动才会亲近，但是太过亲密和依赖他人，也会导致关系疏远。没有谁会愿意一直付出，也没有谁会喜欢给自己身上揽麻烦。请别人帮忙的时候，要懂得衡量一下事情是否值得去麻烦别人，尽量不要给对方造成负担，人与人之间想要维持长久的感情，首先要做的，就是保证付出与回报间的对等。

不要把期望放在别人身上，认真想一下，谁能让你依靠一生？谁能为你遮风挡雨？其实只有你自己。

一对双胞胎，因为父母双亡，十岁时就开始在社会上流浪。这一对难兄难弟，虽说是双胞胎，但脾气禀性却一点都不一样。老大独立要强，从来不怨天尤人，做事踏实认真；老二则总是依赖大哥，常常抱怨自己的身世不幸。一晃十几年过去了，老大靠着自己的努力从重点大学毕业，还创办了一家公司，前程似锦；老二则整日混吃混喝，靠哥哥接济，最后还混入了偷盗团伙，锒铛入狱。

兄弟俩的情况被一名记者得知了，于是记者对他们分别作了采访。在采访时，记者问了他们一个同样的问题："你为什么会走到这一步？"

令人震惊的是，他们俩的回答竟是一样的——"被生活逼的。"

确实，人生的很多选择、很多境遇，都是被生活逼的。只不过，老大被生活逼得只能靠自己的双手去努力、去拼搏，以此来摆脱自己的命运；老二则被生活逼得怨天尤人，觉得所有人都亏欠他，不知进取也就罢了，甚至还走上了邪路。

其实，每个人的一生都是在自己无法回避的现实环境里面度过的。只不过，面对同样的现实，选择怎样的态度，走哪条路，是由自己来决定的，选择的态度不同、道路不同，人生旅途的过程和结局也就大不相同了。

人只有依靠自己，才能真正掌握自己的命运，一味地依赖别人，只会让你成为生活中的"残废"。这个世界上除了自己之外没有人能够让你依赖一辈子，与其把自己的幸福与痛苦都放到别人手心，为何不努努力，踮起脚，舞蹈出属于个人的精彩呢？

人应该是独立的，要有独立的思想和人格，有独自抗争命运的勇气，有独自面对生活的决心。唯有独立的人，才能成为自己命运的主宰，也唯有独立的人，才能终将打破生活的桎梏，活出属于自己的精彩！

- 3 -

整理生活，先握紧你够得到的

出去旅行，常常会出现这样的状况：行李大包小包带了不少，大部分却几乎都用不着，怎么打包去的，又怎么打包带回来；有用的东西呢，却反而常常会被落下，直到需要用的时候，方才追悔莫及。

人生何尝不是如此。在整理人生的背囊时，我们也常常不知道该将什么放进去，该将什么拿出来。结果常常在犹豫中错失了幸福，在彷徨中浪费了时间。

我们之所以会如此，其实正是因为选择太多，以致"乱花渐欲迷人眼"，反而忘却了真正用得上的东西，错过了真正渴望的幸福。其实，收拾行李很简单，只要记住：拿上你每天都必须用的，那些可能会用上的东西往往其实都用不上。整理生活同样也不难，只要记住：先握紧你够得着的，远方的美景等真到了远方再去欣赏。

有这样一则寓言故事：

一名游客穿越森林时把手表丢下了，后来被一只猴子捡到。这只聪明的猴子很快就搞清楚了这个"战利品"的用途，掌控了整个猴群的作息时间，并凭此成为了猴王。是手表给自己带来了好运，于是这只猴子每天在森林中寻找，希望得到更多的手表。功夫不负有心人，它终于又找到了第二块，第三块手表。但出乎意料的是，当面对三块手表时，这只猴子反而有了无尽的麻烦和痛苦。原来，由于某种原因，每块手表所显示的时间并不是分秒不差的。如此一来，猴子就不能确定哪块手表上显示的时间才是正确的，整个猴群的作息时间也变得一塌糊涂，它也失去了众猴的尊敬。

很多时候，我们其实就和故事中的猴子一样，当心中只有一个目标、一个想法时，一切都会很简单。如果拥有了多种选择，多种可能，生活却反而乱套了。选择多了，欲望也就多了，渐渐地，便可能迷失本心，忘记了最初的目标和渴望。

在一望无际的草原上，有一头剽悍的雄狮凶狠地向一只斑马扑去，穷追不舍。在追与逃的过程中，雄狮超过了一只又一只站在旁边惊恐观望的斑马，那些斑马在某一时刻距离雄狮是那么近，但雄狮却像没看见一样，只是一心盯着最初追逐的目标。终于，奔跑的斑马疲于奔命，由于体力不支，最后被凶悍的雄狮扑倒了。

雄狮为什么不放弃先前那只斑马，改追离它更近的斑马呢？因为雄狮明白一个道理，追赶猎物不仅是速度的较量，也是体能的较量。只要一直盯紧前面的目标，当猎物跑累了，十有八九会成为自己的美餐。但如果在追赶途中随意改换目标，新猎物体能充沛，捕捉到的可能性反而会变得更小。

我们每个人的精力也都是有限的，不可能面面俱到。当想要的东西越来越多时，我们分散出去的精力也就越来越多，最后反而什么都得不到。因此，与其心猿意马地四处追逐，不如先盯紧你够得着的幸福。毕竟，只有牢牢握在你手里的东西，才是真正属于你的。

20世纪80年代，我国有一位非常著名的花鸟鱼虫画家，在他16岁的时候，就举办了个人画展。后来他的作品被选送到美国、法国等国展出，被世人称为"天才画家"，种种荣誉铺天盖地地向他涌来。

在一次画展上，有人走过来问画家："你现在取得了这么大的成就，是什么样的力量让你从众多画手中脱颖而出呢？这一路走来，你是不是感觉非常艰难？"

画家微笑着说："其实一点都不难，在最开始的时候，我本来是很难成为画家的。当时，我非常希望自己能全面发展，我不仅喜欢画画，还喜欢游泳、打篮球，等等。这当然是不可能的，有段时间我心灰意冷，觉得前途渺茫，这时我的老师找到了我，是他改变了我。"

众人都很好奇，画家解释道："老师找到我后，找来一个漏斗和一捧玉米种子。让我双手放在漏斗下面接着，然后捡起一粒种子投到漏斗里面，种子便顺着漏斗滑到了我的手里。老师投了十几次，我的手中也就有了十几粒种子。然后，老师一次抓起满满的一把玉米粒放在漏斗里面，玉米粒相互挤着，竟一粒也没有掉下来。这时我才知道，我的人生目标太多，它们相互挤压、相互影响，反而会让我什么都得不到。为此，我放弃了篮球等诸多爱好，全身心地投入到我最喜欢的画画中来，因此我才能取得今天这样的成绩。"

故事中画家的感悟，不可谓不深刻！一个人想追逐的东西太多时，往往可能因为精力的分散而什么都得不到。就像比尔·盖茨所说的："如果你想同时坐两把椅子，就会掉到两把椅子之间的地上。我之所以取得了成功，是因为我一生只选定了一把椅子。在人生道路上，每个人都应该有选定的一把椅子。"

人这一生会面临很多分岔路，这条路上可能有芬芳的鲜花，那条路上或许有悦耳的鸟叫，如果你总是心猿意马，为各种各样的美景而停留，为各种各样的诱惑而驻足，那么你根本没有时间去走完任何一条路。人要懂得控制自己的欲望，拒绝形形色色的诱惑，别为了追求虚妄的美景，却丢了那实实在在够得着的幸福。

- 4 -

承认能力与局限，量力而为

这个世界上，有种东西叫作"天赋"，人人都爱它，人人又都恨它。爱它，是因为拥有了它，你便能轻轻松松做到许多人可能努力一辈子都做不

/ 第五章　做踮起脚够得到的人生规划 /

到的事情；恨它，是因为没有它，导致你辛辛苦苦一辈子，可能抵不过拥有它的人勤勤恳恳几个月。

人生只要努力，必然都会有所收获，但天赋却决定了你最终能收获多少。如果你擅长绘画，可能只需些许的点播，就能成为一代画坛大师；如果你缺少这种天赋，可能努力一辈子，也顶多就是小有所成。

因此，人应该做自己擅长的事，做自己能做的事，至于那些你够不着的，能力所不及的，哪怕再吸引人，哪怕再体面，也不会出成果，何必把时间和精力浪费在那些不切实际的追求中呢？

人不是因为做了最大的事情而辉煌，而是因为做了自己能做的事而成功。这正印证了一句话——"英雄就是做他能做的事"。

有一位登山运动员，他曾经有幸参加了攀登珠穆朗玛峰的活动。珠穆朗玛峰最高海拔为 884443 米，当爬到海拔 6400 米的高度时，他的身体出现了严重的不适，不得不停下来，返回了基地。

事后，许多朋友都替他惋惜，很多人说："已经走了四分之三的路程了，你为什么要放弃呢？如果能咬紧牙关挺住，再坚持一下，或许也就上去了。要知道，有多少人梦寐以求站在珠穆朗玛峰上啊！"

可是这位运动员却不以为然，他平静地说："不，我自己很清楚，6400 米的海拔高度是我登山生涯的最高点，如果我再攀登的话，可能就会因此丧命，所以，对此，我一点都不会感到遗憾。"

对于这位登山运动员来说，他很清楚 6400 米已经是他的极限和最大承受力了，如果勉强自己继续走下去，就会造成得不偿失的后果。虽然前方的胜利十分诱人，但他很清楚，比起登上珠穆朗玛峰的荣耀，自己的性命要更加珍贵。

自然界里的喷泉，高度永远不会超过它的源头。人的能力是有限的，挑战自己的极限，你只会得到英雄主义般的"悲壮"，并伴随摔跟头的疼痛。

人的痛苦往往正是源于"求而不得",当你追逐的已经超出你的极限时,你只会在无尽的失败中泯灭自信,在永久的卑微和失意中沉沦。

因此,当你在成功路上屡屡摔跤,对某件事情力不从心,备感失意的时候,或许应该静心沉思,是不是你的追逐已经超过了自己的极限,是不是你正在做的,根本就是自己无能为力的事情。

每个人都有自己的优势,也都有自己所不擅长的东西,与其勉强自己成为全能人才,倒不如学会扬长避短,充分发挥自己的优势,去做自己能做的事情。比如,假设你是一个技术型员工,对管理一窍不通,但你却忽略了自身的优势,反而一心向往行政职务上的升迁,那么恐怕无论再怎么努力,你所能取得的进步也是非常缓慢的。即使你真的有幸被提拔为管理人员,你的能力恐怕也很难适应新岗位,做不出理想的业绩。

我们来看一个真实且形象的例子:

安德鲁·伯利蒂奥是一家建筑公司的老板,他的梦想是打造一支精英团队,把这家公司推上业界数一数二的高度。为此,他把大量的时间用在设计和研究上,还负责管理着公司很多方面的事务。

可是,安德鲁的努力似乎并不奏效,他所设计的作品质量常常不尽如人意,客户不买账,公司业务一片糟糕,更别提取得令人骄傲的成绩了。安德鲁感到很失望,甚至开始怀疑自己的能力了。

后来,一位教授给了安德鲁一个建议:"做你能做的事情就可以了!"

"做你能做的事情就可以了!"就是这句话给了安德鲁很大启发,他开始了对自己的思考和反省。安德鲁发现,自己根本不善于管理,却有很大一部分时间和精力都浪费在管理那些乱七八糟的事情上。这样做实在一点好处也没有,完全是时间和精力的双重浪费。

想清楚这一点之后,安德鲁如梦初醒,他洒脱地把公司的管理工作交给手下去做,自己则把时间和精力集中用在设计工作上。不久,他写出了《建筑学四书》这一伟大著作,这本书至今仍被许多建筑师们奉为"圣经",

而他也如愿以偿取得了梦想已久的成功!

　　人应该做自己能做的事情，追逐自己够得着的幸福。就像安德鲁·伯利蒂奥，在他试图将所有事情都抓在手里，强迫自己成为一个全能发展的人才时，他却反而连自己最擅长的事情都无法做好了。当他学会放手，只专注于自己擅长的领域时，反倒取得了令人羡慕的成功。

　　生活其实很简单，当行则行，当止则止，了解自己的能力和局限，并承认自己的能力和局限，做到量力而为，就能恰到好处。请记住，距离成功最近的路，是那条最适合你走的路；距离幸福最近的门，是那道你够得着的门。

- 5 -

最可能实现的，是最好的选择

　　法国一家报纸曾举办过一次智力竞赛，其中有一个问题是这样的：如果法国最大的博物馆卢浮宫失火，你只能抢救一幅画，请问你会抢救哪一幅？在成千上万的答案中，法国著名作家贝尔纳获得了最终的胜利。他的答案是："抢救距离出口最近的那幅画。"

　　每个人都有过这样的经历：面临某个选择，却怎么都拿不定主意。结果衡量来、衡量去，时间就这样蹉跎过去了，机会也可能就这样丢失了。

更重要的是，在某些危急时刻，决断只在一念之间，根本没有任何时间让你去思考、去犹豫。就像竞赛中的那道题一样，如果卢浮宫真的失火了，你哪还有时间去想该抢救哪一幅，又哪有时间再去找你想救的那幅到底在哪里？

可见，人生中最好的选择并不一定是最有价值的那个，而是最可能实现的那一个。因此，面临人生的选择时，我们根本无须去比较哪一个选择的价值更大，直接选择那个距离你最近的，你最有把握够得着的，那就是你人生的最佳选择。

在宁静的太平洋海面上，行驶着一艘美丽的大船，这是来自西班牙的海鹰号和它的水手们。

明媚的阳光照耀着海平面，水手们心旷神怡，他们欣赏着大海上的美丽风光，老船长一面老练地操纵海鹰号，一面和水手们计划着到前面的一座珊瑚岛上来一次BBQ（烧烤大会）。水手们兴奋地欢呼起来，跳起了热情的桑巴舞……忽然，平静的海面突然剧烈震荡起来，一道白色的巨浪腾空而起，直奔毫无戒备的海鹰号。

船上的人全都吓住了，一时搞不清这是什么状况，老船长赶紧驾着海鹰号往后行驶，并果断下令，让水手们将食物、设备等物资全部扔掉。此时，海浪越逼越紧，海鹰号甚至已经开始渗水了。

"马上弃船！游到前面的岛上！"老船长高声命令道。水手们对海鹰号充满了感情，他们怎么舍得丢下这艘巨轮呢？甚至还有人寄希望于海浪过一会可能会自动消失。见水手们犹豫不决的样子，老船长厉声吼道："听着，这是命令！"并率先跳了下去。水手们见状，只得咬咬牙，纷纷跟随老船长跳入了海中。

当他们游到海岛上时，美丽的海鹰号已经沉没了。这座海岛虽然荒凉但野生植物很丰富，饿是饿不死的。最为幸运的是，在这场突如其来的灾难中，全员水手无一人伤亡。要知道，他们遇到的可是一次罕见的海底地

/ 第五章 做踮起脚够得到的人生规划 /

震,无一伤亡的战绩简直是从来都没有过的!

在这样的危急时刻,一分一秒的犹豫都可能葬送逃生的机会。可以说,是老船长的果断和自信拯救了所有人。在危险面前,老船长的目标只有一个,那就是解决眼前的危机,尽可能地保住性命。因此,当巨浪涌来时,他可以毫不犹豫地丢弃食物;当巨轮面临沉没的危机时,他可以毫不犹豫地下令弃船逃生。海浪或许会自行消退,大海可能下一秒就重归宁静,海鹰号或许能经受住这一次的冲击……但那又如何呢?当水手们还寄希望于"或许"时,当水手们因舍不下眼前的利益犹豫不定时,老船长早已下了决断,因为他一直都知道,此刻的最佳选择就是保住船员们的生命,避开眼前的危机。

成功学大师拿破仑·希尔小时候是个做事很犹豫的人,他总是习惯瞻前顾后,舍不下这个,也丢不下那个。直到有一次,一件事情彻底改变了他。

一次,拿破仑·希尔在院子里捡到一只小雏鸟,他非常喜欢这只小雏鸟,打算把它饲养起来。但父母一直都不让他饲养小动物,他很担心会被父母臭骂一顿。犹豫许久之后,拿破仑·希尔把小雏鸟小心翼翼地放在了门口,然后鼓起勇气去和父母"谈判"。

在拿破仑·希尔的央求下,父母终于允许他饲养这只小雏鸟了。可没想到的是,当他兴高采烈地奔出门,打算把小雏鸟带回家的时候,却发现那只可怜的小雏鸟已经被猫给叼走了。这件事对拿破仑·希尔造成了重大影响,他意识到,没有任何事会比你眼前的东西更加重要,当你因还未到来的种种事情而担忧时,可能就会失去眼前最重要的东西。

成年后,拿破仑·希尔在一家报社做记者,他的第一个采访对象就是"钢铁大王"卡内基。在采访结束之后,出于对这个年轻人的喜爱,卡内基提出要给拿破仑·希尔推荐一份工作,但这份工作没有报酬,即用20年的时间来研究世界上的成功人士。同意等于没有钱赚,不同意呢,这是一个与成功人士结交的好机会。同意？不同意？面对这个进退两难的选择，拿破仑·希尔响亮地给出了答案，"我愿意！我十分确定！"

卡内基露出了满意的笑容，露出了紧握在手中的手表："如果你的回答时间超过60秒，将得不到这次机会。我已经考察过近二百个年轻人，没一个人能这么快给出答案。我认可你！"之后二十年的时间里，卡内基带拿破仑·希尔采访了当时许多著名的人物，如爱迪生、富兰克林，他们都是在政界、工商界、金融界等卓有成绩的成功者。拿破仑·希尔根据自己的研究写了一本《成功规律》，这是人们梦寐以求的人生真谛——如何才能成功。此书一上市就被追捧，而拿破仑·希尔也一跃成为美国社会享有盛誉的学者，并成为了两届美国总统——伍德罗·威尔逊和富兰克林·罗斯福的顾问。

面对人生的选择时，人们总希望能做到两全其美，选中最完美的答案，于是不断比较，不断犹豫，恨不得把一分一毫都计算得清清楚楚，生怕有什么遗漏让自己吃了亏。但很多人却不曾想过，即便你比较出了最有价值的选项，你就一定能驾驭它，让它为自己创造价值吗？

就像那场"卢浮宫的大火"，即便你知道哪一幅画最值钱，最具艺术价值，你就一定能顺利从火海中将它拯救出来吗？最好的东西一定是最实在的东西，如果完美只存在于够不着的虚幻之中，那么完美对于我们也是毫无意义。当你面临难以取舍的选择时，抢救离出口最近的那幅画吧，够得着的才是最好的！

- 6 -

人生如戏，做真实的自己

什么样的人生才是幸福的？很多人可能都思考过这个问题，但每个人的答案都是不一样的。

在事业心重的人眼中，事业有成的人生才是幸福的；在爱情至上的人看来，和真爱携手的人生才是幸福的；对于守财奴而言，拥抱着巨大的财富宝库才是幸福的；对于渴望关爱的人来说，拥有温暖幸福的家庭才是幸福的；诗和远方是文艺青年的幸福；争取全人类的自由平等是伟人的幸福；有饭吃是幸福；有水喝是幸福；有人挂念是幸福；被人思念是幸福……

看，幸福的模样有那么多。对于不同的人来说，幸福有着不同的面孔，我们根本无从去比较，哪一张幸福的面孔更好看，哪一出幸福的戏码更精彩。

但，唯有一点是肯定的，那就是，幸福的人生并不在于你获得了多少东西，也不在于你一定要比谁优秀，而在于你能够随心而活，做最真实的自己，过最惬意的生活。

戏剧小人生，人生大舞台。每个人都是人生舞台上的演员。每个人都在舞台上扮演自己。无论你是光彩照人的大人物，还是默默无闻的小人物，这些都不重要，只要你发挥了自己最大的优势，扮演好最真实的自己，就一定能获得众人的喝彩。

莉莎今年只有8岁，她非常热爱表演。有一天，学校要排演一个大型的话剧"圣诞前夜"。莉莎感觉自己的机会就要来了。在爸爸妈妈的鼓励下，莉莎走进了面试的地点。她原本以为，自己会成为主角，然而令她没想到的是，自己却只获得了一个扮演小狗的机会。回到家，莉莎无比失望，连晚饭也不想吃。

妈妈看到莉莎这个样子，心里也很难受，便安慰她说："莉莎，你得到了一个角色，不是吗？"

听到这话，莉莎顿时红了眼圈，沮丧地说道："妈妈，你别安慰我了，我只能演条狗，唯一的台词就是'汪汪'叫！"

妈妈看着她，严肃地说道："你为什么会有这种想法？再小的角色也是舞台上不可缺少的一员啊。不要看不起这个角色，你完全可以用主演的心态去演戏。你只有投入进去，才能够演好，即使角色只是一只小狗，你也可以成为舞台上最引人瞩目的明星。只要拥有主演的心态，你就是主演。"

莉莎听了妈妈的话，一个人对着镜子喃喃自语："对啊，其实我需要的是一个上台的机会，并不一定要当主角！莉莎，哦不，那只小狗狗，我不该看不起你的，毕竟你就是我。"

从这以后，莉莎再没抱怨过什么，全身心地投入到排练之中。很快圣诞节到来了，尽管莉莎不是主角，可是她用心的表演，赢得了所有人的掌声。她的精彩演绎甚至已经盖过了主角，所有人都被她栩栩如生的演技折服了。那个夜晚，几乎所有人都记住了那只汪汪叫的"小狗"，在观众热情的掌声中，莉莎激动得热泪盈眶。

虽然扮演的只是一只"汪汪"叫的小狗，但是莉莎用心的表演，同样赢得了所有人的掌声。

舞台上的主角只有一个，但在生活中，每个人都是自己的主角。我们所处的位置或许微不足道，我们所做的工作或许平凡无奇，甚至我们的生活，或许也不曾有如电影般精彩的情节。但那又如何呢？在我们的人生大

/ 第五章 做踮起脚够得到的人生规划 /

戏中，我们就是自己生活的主角。每个人手中都有一个属于自己的人生剧本，命运给你的角色或许不是你最渴望扮演的角色，命运给你的剧本也未必能如你期盼中那样精彩。不管怎样的角色，无论怎样的故事，只要你用心去演绎和诠释，就一定能演出别样的精彩。你不需要盲目地去模仿别人，也不需要刻意地仿照别人，你所需要做的，就是演好自己，做好自己人生剧本中的主角。

有的人一生也没有挣到房屋数栋，一辈子也没有拥有过香车美女。但是，他们同样活得快乐，过得舒心，他们一直安安心心地扮演着自己，体现着自己的人生价值，这不也是一种成功吗？他们或许没有在金钱、权力上有所收获，他们的人生剧本或许不如偶像剧那样浪漫，不如谍战片那般精彩，但在点点滴滴的生活中，他们同样收获了属于自己的幸福人生。

有这样一对夫妻，经过辛辛苦苦的打拼，总算脱贫致富，生意小有所成。他们原本在市区有一个小套房，一家三口住在里头倒也舒心，房子位置很好，距离孩子学校也近，距离夫妻俩的店铺也不远。

但自从稍微有了点钱之后，他们的亲戚朋友就开始议论了，说现在的有钱人怎么也得住个别墅，哪里像他们，有钱也不会享受生活。

听到这些议论声后，这对夫妻一想，觉得挺有道理，现在的有钱人，谁没个别墅啊。这好不容易挤进有钱人的行列，那就要端起有钱人的架子才是！于是，他们咬咬牙，到郊区买下了一幢带花园的别墅。

住进别墅后，一家人都很高兴。可日子一久，麻烦就来了。一方面，这别墅太大，一家三口也根本住不过来，还总要请人打扫，花费可不少；另一方面，这别墅在郊区，不管是距离孩子的学校，还是夫妻俩的店铺，都实在太远了，考虑到上班高峰期的堵车情况，不得不天没亮就得出门。

明明住进了别墅，过上了"有钱人的日子"，可他们一家子却只感觉越来越累……

幸福不是秀给别人看的，别人眼中的幸福未必就是你想要的样子。就像故事中的这对夫妻，住上了别墅之后，反而过得不如从前那么舒心了，除了别人羡慕的目光之外，他们没有感受到别墅带来的任何好处。其实，最好的生活就是最让你感到舒心的生活，别人眼中看到什么不重要，自己从中体会到什么才是最重要的。

卡耐基曾说过："发现你自己，你就是你。记住，地球上没有和你一样的人……在这个世界上，你是一种独特的存在。你只能以自己的方式歌唱，只能以自己的方式绘画。不论好坏与否，你只能耕耘自己的小园地；不论好坏与否，你只能在生命的乐章中奏出自己的发音符。"

生活是自己的，如人饮水，冷暖自知，我们无须因他人羡慕的目光而扬扬得意；也不要为别人的轰轰烈烈而无地自容；更不要为自己的平平常常而妄自菲薄。你就是自己人生的主角，只要能够尽心演好自己的角色，就是一种快乐，就是一种幸福！

第六章

珍惜当下的拥有

人们总以为，得不到的才是最好，够不着的才是幸福，
在"求而不得"的痛苦与折磨中沉沦，又怎能看到幸福的模样？
与其花费一生的时间去追逐那些触不到的光环，
不如好好珍惜手中实实在在的拥有。
抬头看见蓝天，低头闻到花香，珍惜当下，顺其自然，
这才是生命最好的状态。

- 1 -

怀有一颗感恩的心

"感恩的心,感谢有你,伴我一生,让我有勇气做我自己……"这一首《感恩的心》无论是歌词还是旋律都令人动容。感恩,是一种平凡而崇高的品质。一颗感恩的心,就是一粒快乐而坚强的种子,它带给我们责任、自立、自尊和追求绚丽人生的精神境界。

人,只有怀着一颗感恩的心,才能拥有阳光一般明媚的生活;只有怀着一颗感恩的心,才会拥有水晶一般晶莹剔透的美丽心灵;只有怀着一颗感恩的心,才能用湖水一般清澈的眼神去观察这个世界……

快乐源于感恩,一个懂得感恩的人,必然是一个能够时时触碰幸福的人。很多时候,人之所以不开心、不满足,不是因为拥有得太少,而是缺乏一颗感恩之心。看看我们周围,随处都充斥着不绝于耳的抱怨之声:有的人抱怨自己出身贫寒;有的人抱怨领导埋没人才;有的人抱怨自己生不逢时;还有的人抱怨命运不甚公平……

抱怨的声音实在太多了,可你何曾听到过感恩的声音呢?我们生于世上,难道不该感恩生命的赐予?我们接受父母的关爱,难道不该感恩亲情的可贵?我们吃饱穿暖,难道不该感恩社会的稳定?生命中值得感恩的事情数不胜数,为什么要将自己的时间和精力浪费在抱怨上呢?

抱怨非但不能让你的人生有任何改变,反而可能不断加重你内心的郁闷和不平衡,活在抱怨中的人永远也敲不开幸福的门。

再看看那些喜欢抱怨的人，他们的生活真的那么差吗？事实上，这些人中的很大一部分生活都挺不错，有一份可以养家糊口的工作，有一个幸福美满的家庭，有一个健康强壮的身体，还有能够继续奋斗的青春和力量……这些是多么宝贵的财富呀，明明拥有这么多，还有什么好抱怨的呢？当你觉得生活不够完美时，不如尝试丢开抱怨，以一颗感恩的心来审视自己所拥有的一切。当你能够做到这一点的时候，自然就会怀着一种感激的态度来面对周围的人和事，面对自己的生活和工作。在这种态度的影响下，本来为自己带来不快的情绪也终将烟消云散。

感恩节的那一天，乔治来到教堂向神父抱怨道："感恩节是要我们感恩的，人们都说这一天我们要向上帝献出自己的感谢之心。可是现在的我是个穷光蛋，连衣食住行都快成问题了，我又有什么可感谢的呢！"

神父听了乔治的抱怨，郑重地问道："你真的一无所有吗？"

乔治点点头，认真地回答："真的。"

神父接着说道："这样吧，我给你一张纸，一支笔，你把我们之间的谈话内容都记录下来。"

乔治疑惑地点点头。

神父接着问道："请问你有太太吗？"

乔治回答说："有，她没有因为我的困苦而离开我，我们感情很深厚。"

神父点点头接着说："你有孩子吗？"

乔治回答："我有两个孩子，一儿一女，虽然我不能给他们丰厚的物质生活，也不能让他们接受最好的教育，但是他们过得很快乐，也很健康。"

神父问他："你的睡眠怎么样？"

乔治回答："很好呀，我每天只要一躺下就会睡着，而且夜里很少做梦。"

神父问他："你有朋友吗？"

他回答："有两个很不错的哥们儿，因为我在半年前失业了，他们总给

/ 第六章 珍惜当下的拥有 /

我提供一些帮助,我无力回报他们,感觉愧疚极了。"

至此,神父的问题问完了,他让乔治看看纸上的记录,并让他大声地读出来,乔治读到:"我有一位好太太,有两个可爱的孩子,有好的睡眠,还有好朋友。"

神父听完,拍着手说道:"祝贺你!感谢我们的上帝,他一直在保佑你,赐福给你!你回去吧,记住要感恩!"

我们真的一无所有吗?当然不,只是你的眼睛一直望着别处,却忽略了自己已经拥有的珍贵宝物。就像故事中的乔治,他的眼睛总盯着自己没有的财富,却忽略了比财富更珍贵的东西:妻子、孩子、健康、朋友。他拥有得比大多数人都要多,过得比大多数人都要幸福,却因为心中的怨气而将自己囚禁在痛苦的牢笼里。

学会感恩吧!感恩是一种积极的力量,它能够让我们看到自己所拥有的种种,让我们在珍惜当下的同时,更有勇气去创造未来。

当我们拥有一颗感恩的心,对世事怀有一种感恩的情怀时,即使面临最失意、最穷困的境地,也依然能够笑对人生,拥抱幸福。

在一个很平常的日子里,下班回家的汤姆先生怀里抱着一个大盒子,手里还提着几个大袋子走进家门,迎接他的是他养的拉布拉多猎犬和温柔的妻子。

"今天是什么日子,你买了这么多东西?"妻子看着汤姆手里满满当当的东西好奇地问道。

"今天我听了一节关于生活的课程,讲师说,每个日子都可以是感恩节,都值得纪念,如果能经常为身边的人送上一份小礼物,感谢他们带给你的幸福,自己的心情也会变好。所以,我买了这些礼物给你们。"说着,汤姆先生微笑着拿出了为家人精心准备的礼物。

他送给妻子一双鞋,送给儿子一款新出的赛车游戏,送给女儿一只泰迪熊，就连那只拉布拉多猎犬，也得到了一个高级狗罐头。这个平凡的日子因这些小小的礼物与感恩而变得温馨幸福起来。

此后，汤姆先生的生活发生了很大改变，他时不时会送妻子一朵玫瑰，妻子衰老的脸渐渐因爱情的滋润焕发了青春；他每个月都会带儿女去游乐园，让他们充分体会童年的乐趣，他还会给千里之外的父母寄各种小礼物，给他们惊喜。而汤姆先生自己，也在家人的笑容中体会到了生命的充实和丰富。

蓝天感谢白云，是因为后者点缀了自己，让自己更加美丽；鲜花感谢绿叶，是因为后者陪衬了自己，让自己显得更加耀眼夺目；树木感恩大地，是因为后者给自己滋养，让自己茁壮成长……因为感恩，大自然中的一切变得和谐而美好。生而为人，处在纷繁而美丽的社会之中，又何尝不需要感恩呢？生命中的一切都是值得我们感恩的，常怀一颗感恩的心，才能时时与幸福相拥，与快乐相伴。

- 2 -

你对生活的态度，决定了你的心情

天气晴朗的时候，我们往往会觉得心情很好；天气阴沉的时候，我们的心情也会随之而变得压抑。大自然的气候会影响我们的心情，我们内心的"气候"同样也会影响我们的心情。对同一件事、同样一种环境，如果

/ 第六章　珍惜当下的拥有 /

我们是积极乐观的心态,就能看到阳光明媚的景色,即便有困难和挫折,也不会让我们感到沮丧;如果我们怀着消极悲观的心态,那么看到的景象自然就是一片愁云惨淡,若再出现困难和挫折,无疑就会感到焦虑、压抑、失望,认为自己在问题面前无能为力。

事实上,我们心情的好坏与外界因素的关系并不是绝对的,真正起到决定作用的,还是我们自己内心的态度。正如富兰克林·罗斯福所说的:"一个人心灵的平静和生活的乐趣,并非取决于他拥有何物、有何地位或置身于何种情境——总之,与个人的外在条件并无多大关系,而是取决于个人的心理态度、精神追求。"换言之,你以何种态度来对待生活,决定了你将拥有怎样的一种心情。

在我们周围,有快乐的人,也有总是唉声叹气的人,虽然他们的心情似乎总是天差地别,但他们的生活却往往没有多少差异。同样是在家庭与工作中奔波劳碌,同样会有忙得四脚朝天的时候,但开心的人便能从其中品出乐趣,而痛苦的人却只能从中尝到苦涩。

你的态度决定了你的心情,很多时候,想获得开心快乐,其实只需要我们转变一下态度就够了。

有一个叫曾乐的人,他真是人如其名,每天都乐呵呵的,似乎从来没有烦恼。据说有一次,曾乐和朋友们一起外出,走在路上的时候,踩上了臭狗屎。这种倒霉事谁碰上都会感到恼火,但曾乐却哈哈大笑起来。

朋友们纳闷,就问他为什么笑。曾乐说:"我今天肯定走好运,外出也会非常顺利,因为我刚出门就踩上了软黄金!"曾乐边说边眉开眼笑地走进附近的麦田,将脚上的脏东西抖落进去,嘴里还嘟哝着:这可真是软黄金呀!

还有一次,曾乐打扫院子的时候,被空中鸟粪"击中"了头部。对此,曾乐同样把它看作是"幸事",他乐呵呵地说:"天底下这么巧的事情居然落在我的头上,看来我这颗脑袋非同一般,得好好开发和利用。"

踩狗屎、滴鸟粪，这样的事情说严重不严重，却很容易毁掉我们一天的好心情，毕竟这种倒霉事儿，碰上了还真叫人郁闷不已。但客观来说，郁闷能解决问题吗？狗屎已经踩了，鸟粪已经滴了，郁闷除了让我们的情绪变坏之外，又能改变什么呢？曾乐是真聪明，不管他是不是真的与众不同，认为这倒霉事能带来好运，他在面对这些倒霉事情的时候他的乐观心态都是值得我们学习的。其实，每个人的生活都不缺少快乐，我们缺少的是发现快乐的眼睛。不管面对什么样的事情，只要我们善于关注好的一面，就不会给心情蒙上阴影。特别是遇到那些让我们不开心的事情时，与其让心情变糟，不如想一想：这事对我有什么好处？我能从中学到什么？我怎么做才能避免以后再发生类似的状况？说到底，心情取决于我们的心理状态，好的状态就能带来好的心情。

原本学习成绩优异的高强却在高考时发挥失利，进入了一所普通大学。为此，他在大学第一学期过得很不愉快，几乎是在怨气和悔恨中度过的。终于熬到寒假，回到家里，父亲问起他的大学生活，他说："大学生活真的很没劲。"做铁匠的父亲听了高强的话，很是惊愕。

沉默了半晌之后，父亲转过身用他那粗壮的手操起了一把大铁钳，从火炉中夹起一块被烧得通红的铁块，放在铁垫上狠狠地锤了几下，随后丢入身边的冷水中。"滋"的一声响，水沸腾了，一缕缕白气向空中飘散。这时候父亲说道："你看，水是冷的，然而铁却是热的。当把火热的铁块丢进水中之后，水和铁就开始了较量——它们都有自己的目的，水想使铁冷却，同时铁也想使水沸腾，现实又何尝不是如此呢？生活好比是冷水，你就是热铁，如果你不想自己被水冷却，就得让水沸腾。"

听了父亲这一番话，高强陷入了沉思。

到第二学期的时候，高强开始反省自己，并且不断地努力，学习终于有了起色，内心也随之一天天地丰富充实起来。

"如果你不想自己被水冷却，就要让水沸腾"，这是一句充满哲理的话。也正是平凡的父亲的教导，让高强改变了认识，也改变了自己。当他从一个消极悲观的人变身为一个积极乐观的人时，对于生活的感受自然也随之发生了根本性的变化。

事实上，每个人都会遭遇一些不如意的事情，这些事情往往令我们感到烦恼、遗憾、悲伤，在遭遇这些事情时，乐观是一种选择，悲观也是一种选择，沮丧同样也是一种选择。亚伯拉罕·林肯曾经说过："大多数的人都是像他们所决定的那样高兴起来的。"一个真正懂得快乐的人，无论处于什么境地，都能做到随遇而安，随遇而乐。

保持乐观的心态，你自然会成为快乐的人；积极面对人生，你自然能打开幸福的门。让我们带着这份积极乐观的好心态，去迎接每一天的朝阳，送走每一天的晚霞吧。这时候，相信无论晴天还是雨天，你都能找寻到生活的乐趣，你的心情也将始终开朗明媚！

- 3 -

当好一个普通人，就是最大的幸福

每个人大概都曾想过，总有一天自己会干成一番大事业，成为一个特别的人，被人们所认识，或许自己的名字还将载入史册，流芳百世。但随着年龄的增长、岁月的流逝，我们会发现，在这个世界上，伟人始终是少数，大事业也不是那么容易就能做成的。芸芸众生，更多的只是普普通通、平平凡凡的人，而我们亦不过是普通平凡中的一员。

其实，普通平凡却没什么不好，鲜花也需绿叶的衬托才能更显娇艳，世界也需小草的绿色铺陈而缤纷。一草一叶，哪怕一抔沙土，也同样有着重要的价值，也同样是这世界上不可或缺的存在。

一个国王正在御花园散步，他看到千姿百态的花朵，高大笔直的树木，还有来自异国的奇异植物，于是不由得怜悯地看着脚下的小草说："被种在这样一个花园，你一定很难受吧？"

"我为什么要难受呢？"小草问。

"其他植物都有人欣赏，却没有人理会你，你不难过吗？"

"完全不会。我只是一株小草，长在这个花园，我每天能得到充足的阳光和水分，还有这么多各有特色的朋友，我觉得自己是世界上最幸福的小草。"

在充满珍奇植物的园子里，本身就普通平凡的小草就更加容易被忽略了。国王以为这样的小草会因无人注意而痛苦失落，但没想到的是，它却能够自得其乐，以感恩的心面对生活，以欣赏的眼光看待那些比自己优秀的存在，在花园里生活得快快乐乐。国王以世俗的眼光来看待生活，总以为不能得到他人称赞，不能得到更高更好的待遇，都是让人沮丧的事，但小草却不同，它知道自己是株普通平凡的草，它坦然接受了这一切，不去与花儿争香，不去和树木比高，安然享受阳光雨露的滋润，珍惜朋友的陪伴，反而找到了幸福的真谛。

小草之所以觉得幸福，在于它对现状的准确认知和对生命的感激之心。哲人说，"人们的一切痛苦都来自不切实际的需求"，这句话也可以理解为"人们的一切幸福都来自对自我的准确认知"。

/ 第六章　珍惜当下的拥有 /

杨蕾曾经是国内著名芭蕾舞团的首席舞者，一次意外导致她的腿出现了骨骼问题，医生诊断说，杨蕾的腿伤不会影响正常生活，却不能再进行芭蕾这种高强度的舞蹈训练了。一夕之间，杨蕾从一名耀眼的舞蹈家变成了一个平凡的家庭主妇。

人们都以为习惯了喝彩和掌声的杨蕾一定会受不了平凡的生活，杨蕾自己也曾这样认为，但她不断地告诫自己："从前我是个舞蹈家，但同时我也是个普通人；现在我是一个家庭主妇，仍然是个普通人，生活其实没有什么变化。"

渐渐地，杨蕾在平凡的生活中也发现了很多过去没机会享受的乐趣，过去的她没有时间逛街，不能吃高热量的东西，没空看有趣的书籍，因为舞团日程安排很紧，她和丈夫打电话都得计算时间。但现在，她有了空闲时间随便散步，想吃什么就可以吃什么，想做什么便可以做什么，和丈夫的交流时间也比以前多得多，夫妻感情越来越好。

几年过去了，杨蕾并没有成为众人预期中愁云惨淡的"过气舞蹈家"，而是成为了一个笑脸盈盈的幸福小女人。杨蕾说："人们都害怕普通，但其实，当好一个普通人，就是最大的幸福。"

有失必有得，失去了舞台的杨蕾，得到的却是另一种轻松惬意的人生。没有人再会留意她的一举一动，没有人再会纠正她的爱好，她虽然失去了鲜花和掌声，但却有了更多的时间来享受每一个平凡女人都能享受到的幸福：恬淡的心情、温馨的家居生活、甜蜜的爱情。风光自有风光的好处，普通也有普通的乐趣，人生只要用心去体会，总能寻找到一种与生活和平共处的最佳模式。

有一群游客在法国旅游时参观了一个花园。

随行的导游小姐介绍说："这里之所以有如此美丽的环境，完全归功于一位老花匠。"于是，一名丹麦游客去拜访了那个老花匠，试图高薪聘请他到丹麦去发展。老花匠拒绝了这一邀请，他说："我在自己的国家生活得很好，我很爱我的工作，我不想离开这里。"

后来，丹麦游客才知道，原来这位老人竟是法国前总统密特朗。

从总统到花匠，一个是站在法国权力巅峰的最高领导者，一个却是默默无闻的最普通的劳动者，这样的身份转换简直天差地别，但密特朗先生并未因此而感到沮丧或痛苦，反而以全部的热忱投入进新的工作，修建了一个众人交口称赞的花园，这种淡泊的心境，很多人都望尘莫及。可见，一位真正优秀的人，他可以成为优秀的总统，但也同样能做好优秀的花匠，无论站在什么位置，都能活出自己的精彩。

很多人总习惯于把自己的价值建立在他人的称赞之上，以为人生的意义就在于此。事实上，再华丽的外套都有陈旧的一天，再耀眼的光环都会失去曾有的夺目，再优秀风光的人，也终将会有变成普通人的一天……捧金夺银的奥运选手有退役的一天，权倾一时的官员有退休的一天，家产万贯的富翁有离世的一天，所有人最后都免不了成为普通人。

仔细想想，普通人的生活其实并不差，平凡的生活或许缺少惊心动魄的精彩，但却胜在平和充实。做一个普通人也没什么不好，即便不能让别人刮目相看，也要为自己喝彩。从一个普通人做起，洗尽铅华之后，如果能认同自己"普通人"的身份，用心去体会平凡生活中所蕴含的冷暖温情，雅趣逸致，做回到一个普通人，生命就成了一个完整的圆，这才是最美的状态。

人的幸福不在于争取多少、拥有多少，而在于对自己的认同和接受。你是鲜花，那就接受自己的芬芳；你是树木，那就接受自己的挺拔，你是小草，那就接受自己的平凡。幸福的姿态其实很简单：接受自己，做好自己，便是人生最大的幸福。普通平凡没有什么不好，普通平凡的我们同样有值得骄傲的人生，做好一个普通人，这就是生活中最美好的事情。

- 4 -

以孩童的心观世界、过生活

这个世界上拥有最多快乐的人，是无忧无虑的孩子。回想自己的童年，一块糖就能品到幸福；一个微笑就能温暖心灵；一声称赞就能喜出望外；一个拥抱就能重拾希望……那时候年幼的我们，总是轻易就拥有了幸福，那是人生中最美好的阶段。

梁启超说过："老年人常思既往，少年人常思将来。惟思既往也，故生留恋心；惟思将来也，故生希望心。"确实如此，年纪越大，我们就越是容易被回忆所牵绊，被过去所束缚，而少年时候的快乐，则正是源自对未来的无限憧憬。

"少年之思"再回归到本初，便是童言无忌，童心无讳。当你为生活的忙碌而感到不堪重负的时候，当你被诸多世事困扰而不得解脱的时候，不妨唤回最初的那颗质朴而纯净的童心，它会带你远离喧嚣，静静聆听到来自心底的声音，在自然中享受简单，返璞归真。

"花儿为什么会开？"这是一名幼儿园老师出给小朋友们的题目。

"标准答案"是：因为天气变暖和了。

孩子们的声音是："花儿睡醒了，它想看看太阳。""花儿一伸懒腰，就把花朵给顶破了。""花儿想伸出耳朵听听，小朋友在唱什么歌"……

幼小的心灵之所以幻想无边，是因为他们不受世俗的拘束。我们也曾有过这样多彩的答案，也曾以这样美好的目光看待世界，但生活的现实与世俗却最终将我们从形态各异的多边形打磨成了没有棱角的圆。

人活在世俗之中，就必须接受生活的现实，这是一件很正常的事情。接受现实不意味着就必须泯灭童心，事实上，作为成年人的我们，比无忧无虑的孩子更需保持一份童心。

生活复杂而艰辛，大部分的时间都在忙忙碌碌，疲于奔命，正因为如此，我们更需要微笑，更需要保持感知幸福的能力，更需要发现美好的眼睛，而这些，其实都存于最原始、最质朴也最简单的童心之中。孩童之所以容易拥有快乐，是因为他们能够以最单纯的目光来看待世事；孩童之所以容易绽放笑容，是因为他们能够以最美好的心灵来映射世界。我们的疲累与痛苦并非因为世俗或现实，只是因为我们的眼界开阔了，心灵变得复杂了，我们的欲望增多了。

幸福不一定非得轰轰烈烈，有时最简单的事情也能带给我们快乐与欢笑，比如重新拿起画笔，再次放声歌唱，与家人下一盘飞行棋；任由想象天马行空，不拘泥于现实，不羁绊于年龄，心灵回到思无邪，一切带到人之初。如此赤子之心，简单地来，简单地往，就能体会到生活在"浪荡"中显露出的情与趣。

"你必须保持童心"，说这话的，是那个从小被老师骂为"差生"、那个当年大胆创办《童话大王》的"童话级人物"郑渊洁。在20多年的创作生涯中，郑渊洁始终都保持着一颗不泯的童心。

郑渊洁爱狗是出了名的，他的著名童话作品《大灰狼罗克》便是以他的第一条爱犬为原型创作的。有次郑渊洁应朋友之邀去客串电视剧，一场哭戏怎么也过不了，不是表情做作，就是没有眼泪。情急之下，郑渊洁想起了之前死去的一条爱犬，一下就难过得不行，失声痛哭，等镜头拍完了都停不住。

/ 第六章　珍惜当下的拥有 /

在和别人交流养犬经验时，郑渊洁还介绍说："我们家狗吃的狗粮我都要亲自尝一尝，咸味食品对狗的健康特别不好，但是狗都喜欢吃带咸味儿的食物，有的黑心狗粮厂家就往狗粮里掺盐，所以我喂狗之前自己必须要确定这狗粮不咸。"

他认为，保持童心其实不像人们想象得那么难，成长的历练和岁月的侵蚀是不会带走人的好奇心和童心的。他曾说："我的想象力和童心似乎永远不会枯竭，因为这些都来自广博的生活之中。在生活中，像加油、验车这样的日常琐事我全都自己去做，不找别人替代，因为我要接触真实的生活。我有来自各行各业的很多朋友，我也可以从这些朋友身上观察生活。"

童心源自对生活的热爱，对生命的感恩。就像郑渊洁，哪怕是生活中最平凡的事情，他也能从中品出乐趣，快乐其实就是这么简单。试着回忆一下，年幼时候的我们第一次帮妈妈打酱油，第一次为家人做饭，第一次自己洗衣服……那种成就感是比如今我们做成一项大事业还要深刻得多。孩子的幸福与快乐正是来自对生活的好奇与热爱，因为好奇，他们愿意去做许多在成年人看来无聊至极的事，因为热爱，他们会因生活中取得小小的成绩而欢欣鼓舞。

人们习惯于说自己有一个快乐的童年，却很少说自己现在过着幸福的生活，因为成人的世界对于我们而言有太多复杂的事情了，我们被这些事情折磨得体无完肤。实际上，关键问题还是在于我们自己，我们忘记了单纯，忘记了童真，习惯于将所有事情复杂化，也因此失去了最简单的快乐，在追名逐利的过程中丢失了对生命的感恩。

童年的心天真无邪，对世界充满爱；童年的心纯真而可人，对眼前景物求新，对世间事物求奇，因而勤观察好追究，打破砂锅问到底。以童心看世界，春风暖，夏雨凉，秋高气爽，冬雪融融，日出月落皆有意，红花绿草皆含情。因而，在童心的境界里，无纷争，无怨恨；没有名利扰攘，没有你争我夺。即使偶尔碰撞也会风吹乌云散，雨后见彩虹。这样的时光，又怎会不快乐？

　　往往生活在"游戏世界"里的儿童才是真正的"贵族"。他们总是心无旁骛、浑然忘我地沉浸于事物的本身之中，在自由的生活里尽情地挥洒快乐。以童心看世界，让想象的翅膀自由翱翔。不要抱怨生活，以感恩之心去享受幸福，以率真之心去享受快乐吧。活得简单、再简单点，幸福就会萦绕在你身边。

- 5 -

唯有此刻，才是人生最好的礼物

　　我们总是习惯于把希望寄托于下一刻的未来，总觉得下一个未到之地会有更美好的风景。行色匆匆中，人生的目的似乎不再是欣赏风景，而是为了到达某地；即便到达之后往往也不曾完全融入和欣赏，又急切地赶往下一个地方。如此，我们的心永远处于无法安放的颠簸状态。

　　下一个景区、下一个假期、下一栋房子、下一份工作、下一个目标……我们匆匆走过此时此地，总是坚信着"下一刻"的美好。下一刻就是我们看不到的未来。诚然，憧憬未来、心怀希望的确可以让人备受鼓舞，但你是否想过，我们正错失的这一刻不正是之前期待已久的"下一刻"吗？

　　事实上，快乐也好，幸福也罢，都是一种感受，具有即时性。它并不是来自几天、几月、几年的等待，而恰恰就是源自我们此刻所拥有的时光。身心所感的此刻，不仅是独一无二的，也是我们唯一真正能够把握的。未

/ 第六章　珍惜当下的拥有 /

来只存在于想象之中，我们永远不知道下一刻会发生什么。与其总期待着虚幻的未来，倒不如把握住真真切切的现在，人应活在当下，此刻是人生唯一的真实。

著名作家斯宾塞·约翰逊写过一本名为《礼物》的书，讲的是一位充满智慧的老人告诉孩子，这世上有一个特别的礼物，可以让人生获得更多的快乐和成功，可这个礼物只有依靠自己的力量才能找到。

于是，从童年到青年，这个孩子用尽所有的办法四处找寻，但越拼命寻找，就越感到生活得不快乐，而他生命中的礼物自始至终都没有出现。到后来，年轻人决定放弃，不再没有目的地追寻——而此时他却赫然发现，苦苦寻找的东西原来一直就在他的身边，这个人生最好的礼物就是——"此刻"。

人们怀念逝去的美好，憧憬未知的将来，却往往容易忽略最真实的此刻。但逝者不可追，来者犹可待。过去不管有多么美好，你也不可能回到从前再来一遍；未来不管有多少希望，你也无法提前到达以后。生命中我们唯一能把握的只有当下，当岁月以令人难以置信的速度飞快溜走时，我们却始终只生活在完全独立的今天里，只有今天才是最值得我们珍视的时间。其实，"此刻"不正是我们曾一直心心念念的"将来"吗？而"此刻"也终将会成为让我们留恋不已的"过去"。

内心的平静、个人的成就都取决于我们是否活在现在这一刻。这是因为，无论未来将会怎样，抑或过去曾经怎样，结果都是相同的——而我们很可能会因为没有关注当下而错失了最真实、最美好的现在。

莉娜今年已经六十多岁了，可是最近她身心备受打击，倒霉的事情接踵而至，丈夫刚去世不久，儿子又坠机身亡了。一连串的打击让她的心都碎了，她不知道今后的路自己能否继续坚持走下去。

沉浸在痛苦中一段时间后，为了生存下去，莉娜打算重新到外面找一份工作，但是当这个念头冒出来的时候，她自己都震惊了：我已经六十多岁了！谁会给一个老妇人提供工作的机会呢？即便有人愿意，一个六十多岁的老妇人能干些什么呢？

她不停地担心别人嫌她老，担心别人嫌她动作迟缓，担心自己无法承受别人要求的工作强度……这一系列的担心更让她怀念过去，怀念丈夫在世时的岁月，由怀念而生悲痛，又重新陷入丧夫的阴影中不能自拔，心情的郁结让她很快就病倒了。

了解到莉娜的病情和生活情况后，主治医生对莉娜说："你的病情太严重了，需要长期住院治疗。但是你又没钱……我看这样吧，从现在开始，你可以在本院做零工，每天打扫病人的房间，以赚取你的医疗费用。"

反正也没有比这更好的活法了，而且就目前经济窘迫的情况来说，自己似乎根本别无选择。于是，莉娜开始手握扫帚，每天不停地在医院里忙碌。慢慢地，她不再担心什么，内心也恢复了平静，因为她实在太忙碌了，根本没时间再去担心和烦恼。

寂寞、担忧被驱除了，莉娜的身体也日渐好了起来。在这段时间里，由于经常接触病人，莉娜对病人的心理也了如指掌，之后还被院方聘为陪护，有了一份收入，贫穷也开始向她挥手告别……

如今，71岁的莉娜已经成为该医院的心理咨询师，她办公室的墙上有这么一句话："过去的已经过去，明天尚未到来。只要肯用行动充实生命中的每一个'今天'，勇敢向前，机会就在柳暗花明间。"

不管你曾经是女王还是奴隶，不管你曾经拥有的是鲜花还是荆棘，当过去的成为过去之后，你只是此刻的你，也只拥有此刻的东西；不管你对未来有多少期许，也不论你对未来有多少担忧，在明天尚未抵达之前，你只拥有此刻的你，只拥有此刻的希望或绝望。不要将过去变为束缚人生的枷锁，更不要把未来看作阻碍前行的危险，我们每个人都只活在今天，每个今天都能成为一个全新的开始。

此刻是生命唯一的真实，幸福也只源于此时此刻的拥有。珍惜现在已有的，那春天美丽的花、夏日凉爽的轻风、秋天丰硕的果实、冬日和煦的阳光，那得之不易的机会，那美好的幸福时光，那大好的青春年华……好好珍惜现在我们拥有的一切，不要让它成为将来的遗憾，充分地享受每一个真实的瞬间，人生就是充实而完美的。

- 6 -

忙里偷闲，松弛疲惫的身心

等有钱了，我要去环游世界，体会每个地方不同的风土人情；

等拿下这个项目，我要带家人来这家昂贵的餐厅吃饭，让他们尝尝大厨最拿手的烤羊排；

下个假期我绝对不再加班了，要去把那本一直想借的书借回来看看；

下次有时间我一定要把朋友约出来聚聚，都已经好久没有见到他们了……

你是否也曾为自己做过诸如此类的种种规划？是否也曾数次告诫自己，要从忙碌中解脱出来去享受生活？那么，有多少你曾做过的规划实现了？你曾向往的生活又有多少享受到了？

不知从何时开始，人们的生活节奏越来越快，穿梭往来于尘世之中，正如一首流行歌曲中唱的那样"为了生活，人们四处奔波"。但在这四处奔波的过程中，越来越多的人反而感受不到内心的充实，只在忙忙碌碌里不堪重负，让生活陷入枯燥乏味。

一位商人邀请朋友到家里做客。整整一个晚上，他都在对朋友倾诉他的烦恼和生意上的不顺。他谈到在孟买和土耳其的财产，谈到他所拥有的土地，还有他的咖啡因，还取出从印度买回的珠宝让朋友欣赏。

商人说："我的朋友，我明天又要出门做生意了，等这次生意做完，我可要好好休息一下。做生意做了这么多年，我早就想休息了，这是我目前最想做的事，但是现在我需要把中国的麝香运到波斯去，听说波斯贵族非常喜欢中国的麝香。然后我再把波斯的地毯运到罗马，再从罗马购买一些雕塑用船运到印度，再从印度买大批香烛运回波斯，等这些做完我就可以休息了。"大商人虽面带倦色，可仍滔滔不绝地向朋友宣布他的计划。

朋友笑着问："你刚才所说的生意，要用多长时间才能做完呢？"

商人说："最快也得一两年吧！"

朋友叹了一口气，说道："那你最想做的事——休息，又要等上两三年了。"

人生无常，你永远不知道下一刻会发生什么。未来是不可确定、无从掌握的，将想做的事情放在未来，更是没有任何保障。就像故事中的商人，总想着做完事情之后就会休息，但事情何时才能做完？更重要的是，你并不知道明天会发生什么，你也不知道等你终于做完事情的那一刻，是否还真能有好好休息的机会，所以，为什么不在忙的时候偷闲一下呢？试着把想做的事情放到当下，而不是那不确定的未来。

宋代诗人黄庭坚在《和答赵令同前韵》中写道："人生政自无闲暇，忙里偷闲得几回。"意在告诉人们人生是忙碌的，来也匆匆去也匆匆，千万别让自己陷入枯燥乏味中，要学会忙里偷闲。

清代张潮《幽梦影》中也有这样一段话："人生之乐莫于闲，闲非无所事事也。闲者能读书，闲者能游名胜。"在工作生活节奏飞快的今天忙里偷闲，挤出点儿时间松弛一下疲惫的身心。别让生活羁绊着你，做回自己生活的主人，想不从容淡定都难。

/ 第六章 珍惜当下的拥有 /

也许,你会说"每天的工作、生活那么累,哪有精力和时间偷闲呀。"殊不知,休闲与忙碌其实并不矛盾。没有时间环游世界不要紧,你可以挤出时间到附近的城市看一看,同样能体会到不一样的风土人情;没有经费到昂贵的餐厅吃饭不要紧,一家人的聚餐,不管吃什么都是温馨幸福的;没有时间和朋友聚会也不要紧,哪怕一条短信、一个电话也能搭建起友谊的桥梁。

越是日理万机的"大忙人",其实越能掌握忙里偷闲的"大技巧",英国首相丘吉尔就是这么一个很会忙里偷闲的人。

二战时,已近70岁高龄的英国首相丘吉尔临危受命,每天都要工作16个小时以上,精神长期处于紧张状态,但是他却依然保持精神爽朗的工作状态。究其原因,其实就在于他很善于忙里偷闲。

一般来讲,只要一坐上汽车,丘吉尔就不再过问任何烦琐的杂事,充分利用一路上的时间来休息。他曾经诙谐地说:"我的觉一半是在车上睡的。"此外,他每天都坚持午睡1个小时,晚饭后要在办公室的床上睡上2个小时左右,醒来后立即精神饱满地投入工作,直至次日凌晨。

丘吉尔还有一个习惯,无论什么时候,只要一停下工作,他就爬进热气腾腾的浴缸中去泡澡,然后裸着身体在浴室里来回踱步,并要求侍卫即使天塌下来也不要打扰他,以此放松和休息。德军对伦敦狂轰滥炸时人们惊奇地发现,丘吉尔竟坐在防空洞里织毛衣,原来这也是他独特的放松方式。

"如果有地方坐,我绝不站着;如果有地方躺着,我绝不坐着。"善于休息的丘吉尔显然是一位忙里偷闲的高手,这正是他毕生精力充沛,至八九十岁高龄依然保持头脑清醒、思维敏捷的原因之一。

整天说自己忙,没时间的人,难道能比丘吉尔更忙吗?时间对每个人都是公平的,你没时间只是因为你从未认真地去安排过你的时间。俗话说"磨刀不误砍柴工",适当的娱乐和享受不仅不会浪费时间,反而更有助于你更好地投入工作。所以,偷闲不仅能为人生增添乐趣,同时也是一种生活的智慧。

要能做到"拿得起,放得下"。工作时就全身心地投入,高效运转;休息时就充分放松,把工作完全放在一边。不要在工作时总想着登山观海,而真正有时间闲下来的时候,却又无所事事。

时间就像海绵里的水,只要用力挤总还是能挤出一点点的。美国著名心理咨询专家理查德·卡尔森在他的《让事情更简单》一书中就建议人们:我们要懂得享受生活,学会忙里偷闲,每天度个"迷你假"。

如此看来,学会忙里偷闲,已然上升为一种境界。

要想让生活充满情趣,让生命从容淡定,只要卸下一些"忙碌"就可以。以唐人李涉的一首《题鹤林寺壁》作结尾,但愿能给我们一些指导与启发:"终日昏昏醉梦间,忽闻春尽强登山。因过竹院逢僧话,偷得浮生半日闲。"

- 7 -

越是活得纯粹简单,内心越是愉悦丰盈

越是活得简单的人,就越是容易快乐满足。历史上那些熟稔自然、超然顿悟的大师往往都有一颗纯粹之心,不喜欢绕着圈子说话,不愿意作违心的表达。是是非非,绝不作假,胸无城府,简单纯朴。

老子三言两语,孔子述而不作,庄子善假于物。对这些伟大的思想家们而言,世界没有那么复杂,语言没有那么复杂,思想也没有那么复杂,所以

/ 第六章　珍惜当下的拥有 /

他们能够从简单中悟出真理，写下永垂不朽的篇章。

人的痛苦和忧虑往往来自想得太多，想得太复杂。但事实上，我们这一生所担心的事情里，有90%几乎都不会发生，而发生的10%中，甚至有一半可能会因祸得福。因此，人生其实不必担忧太多，过去的事情已成定局，未来的事情充满不确定性，我们只需活在当下，让思想简单点儿，让生活简单点儿，烦恼自然就会少。

爱因斯坦生于一个贫困的犹太家庭，从小饱经苦难。一举成名后，各种荣誉和优厚的待遇扑面而来，他却始终淡泊名利，依然保持当年穷学生简朴的生活方式。

爱因斯坦曾一度受邀去荷兰莱顿大学执教，他对宿舍的要求是：有牛奶、饼干、水果，再加一把小提琴、一张床、一张写字台和一把椅子即可。学校当然全部满足他的"奢求"，爱因斯坦常常为此而兴高采烈地喊道："有了这些东西，我还需要什么？什么都不需要啦！"

不管何时何地，爱因斯坦始终奉行着自己简朴的生活方式。1929年他应比利时伊丽莎白王后之邀访问布鲁塞尔。皇家车队在头等车厢外等候了好久也不见爱因斯坦的影子，最后只好空车回宫，可不久后，爱因斯坦居然独自来到了王宫。原来他没有坐头等车，而是坐了三等车。他还婉言谢绝住进豪华的宫殿，坚持下榻三等旅馆。

1933年为躲避法西斯迫害，爱因斯坦移居美国，普林斯顿大学以当时最高年薪——16000美元聘请他，他却说："这么多钱！能否少给一点？3000美元就够了！"人们大感不解，他脱口道："依我看，每件多余的财产都是人生的绊脚石；唯有简单的生活，才是我创造的原动力！"

爱因斯坦在《我的世界观》一文中说道："生活的本质和精髓原本就是简单生活，而不是复杂生活，更不是奢侈生活。我从来不把安逸和快乐看作是生活目标的本身，而是把追求简单当作人生的一种高境界。"

1955年4月，在生命的最后一刻，这位科学巨匠依然不改初衷，固守

"简单",他的遗言是:不发讣告、不搞葬礼、不建坟墓、不立纪念碑。

"多余的财产是人生的绊脚石;唯有简单的生活,才是我创造的原动力",仔细思忖,爱因斯坦的话绝非"作秀",而正是他伟大的"秘诀"!试想,倘若不婉拒各种社交活动与宴会,倘若不是将功名利禄视为身外之物,他有足够的时间致力于量子理论研究吗?他有足够的精力献身于枯燥的科学事业吗?

清人刘大魁在《论文偶记》中写道:"凡文笔老则简,意真则简,辞切则简,理当则简,味淡则简,气蕴则简,品贵则简,神远而含藏不尽则简,故简为文章尽境。"作美文须如此,做人也一样。一份淡定、一份澄明、一份雅致,在简单中顺畅,在简单中成就,在简单中自得,这种简单很可敬,此种心境甚可贵。

对于简单的人来说,幸福同样很简单。饥饿的时候得到一块面包,这就是一种简单的满足和幸福;对于想得复杂的人而言,幸福却非常遥远,饥饿的时候得到一块面包,他却又会开始担忧下一顿的面包,下下一顿的面包……这样的人心中总是充满担忧,悔恨着过去,惧怕着未来,却唯独不懂得享受当下,如此,自然离幸福越来越远。

"人"字,一撇一捺,写出来很简单,但人偏偏却是最聪明又最复杂的动物,偏偏习惯把简单之事复杂化,把微小之事放大化,让生活变得烦冗复杂、沉重忙乱。因此,很多人都在喊"累",而累的根源其实正在于此。

世界纷繁复杂,人生可以复杂也可以简单,而真正能够化繁为简的是"人心",我们只需改变一下心态就可以了。近代文学家冰心老人说得好:"如果你简单,那么这个世界也就简单了。"

《菜根谭》曰:"此身常放在闲处,荣辱得失谁能差遣我;此身常在静中,是非利害谁能瞒昧我。"这句话的意思是说:把身心放在安闲的环境中,世间所有的荣辱成败得失都无法左右我,把身心放在安宁的环境中,人间的功名利禄和是是非非就不能蒙蔽我。这正是简单的最佳注释。

当我们置身于复杂浮躁的社会、琐碎忙乱的生活、烦冗迷离的人际关系中时，能够做到不再为赢得若干银子而机关算尽，不必去勾画如何名利双收的蓝图，不必铆足了劲踏在潮流的前面满足虚荣心，也不再眼睛瞅着名牌楼市和进口车而心存焦虑时，自然能从复杂的生活中抽身而出，简单做人，简单做事，简单幸福。

简单不是对人生的退缩，不是清心寡欲，而是清醒中的深刻，明智中的理性，更是一种至纯至美的人生境界。对自己简单一点，对别人简单一点，对周围的环境简单一点，定能心静安然，气度非凡。享受简单，活在当下，这就是幸福最真实的模样，也是人生最完满的状态。

- 8 -

活着，便有幸福的一万种可能

幸福的模样可能未必人人都见过，但痛苦的理由大约谁都能说上几条。在现实生活中，我们听到的、感受到的，大多都是一些对自身状况的不满之声，比如："没能考上博士，找起工作来选择余地也更小了""父母都是普通职工，根本不可能为自己创造多么优越的条件""现在房价、油价都这么高，养房养车真是压力超大啊！"……类似这样的感叹不绝于耳，好像人人都在为自己所不具备的东西而发愁，因此，很多人都活得不快乐。

于是，有人开始提出对生命的拷问：难道我们是为了受罪而来到这个世界上的吗？

持有这样想法的人，显然并未参透生命的真谛，真正让我们受罪的，不是生活，不是现实，也不是命运，而是因为缺少一颗感恩生命的心。因为缺少这份对生命的感恩，所以我们对一切都不满足，对一切都充满抱怨。

著名史学家、北京大学历史系教授周一良说过这样一句话："并非每个人都要过得荡气回肠，并非每个人的每件事都会如人所愿，在经历了人生的坎坷之后，你还能够平凡地生活，这也未尝不是一种幸福。"

是啊，生命本身就是世界上最贵重的宝物，活着，就已经是一种幸福了。这个世界上所有的一切和生命比起来，都太过卑微。再多的财富、再甜蜜的爱情、再耀眼的成功，若是没有生命作为依托和承载，对于我们来说又有什么意义呢？

如果把我们的一生看作是一连串的数字的话，那么身体健康就是前面的"1"，金钱、事业、爱情等都是"1"后面的"0"。很显然，如果缺少了前面的"1"，后面所有的"0"都失去了意义。此处所说的健康，也正是延伸意义上的生命本身。

2009年，一向以"女强人"形象出现在众人面前的苏丽突然间病倒了，因为高血压引起了并发症，腹部动脉形成了主动脉血管瘤，情况十分危急。

好在家人为苏丽找到了一家有名的医院，并且由一个该行业很厉害的专家亲手主刀，让苏丽很顺利而成功地结束了手术。

医生告诉她，如果平时注意吃降压药，引起并发症的可能性会小很多。苏丽这才后悔自己当初太不认真对待自己的身体，把所有的精力都放在了事业上。躺在重症监护室里，苏丽忍着手术之痛思考了很多，她认真地总结道：自己从不在意身体，甚至以为自己是永远不会得病的那种人。当两年前知道自己患有高血压时，也没有听医生的话，而是擅自把降压药扔到垃圾桶里。这是多么愚蠢的行为呀！

想到这里，苏丽终于决定，等病好后，一定要为自己、为家人多腾出一些时间。如果连生命都不健康了甚至没有了，其他的所有一切对自己来

/ 第六章　珍惜当下的拥有 /

讲，还有什么意义呢！

或许是因为感受过失去，才更懂得珍惜。出院后的苏丽坚定地按照自己在住院期间所计划的那样去做。她的身体很快恢复到了从前的状态，她和家人之间的感情也越发深厚了，工作也没有因为她有意识的放松而有太多的改变。

这个世界总是诱惑太多，欲望太重，以至于许多人都沉沦于外物的追求而难以自拔。就像苏丽这样的"女强人"，对于她而言，事业上的成就和光环曾是她人生中最看重的东西，为了得到这些，她甚至于连自己的身体都不懂得爱惜。直至经历过一次与病痛的较量，苏丽这才意识到健康和生命的珍贵，也懂得了善待身体的重要性。

生活中像苏丽这样的人不在少数，面对这个纸醉金迷、物欲横流的社会，很多人都已迷失了方向，忘却了生命中最珍贵的拥有。每天都有无数人在为得不到的东西痛苦，却鲜少有人因活着而感恩。

在新闻报道中，我们常常会看到一些诸如此类的事情：富商一夜之间破产，因无法承受打击跳楼自杀；女友闹分手，小伙子赌气坠楼而亡……

在生命面前，所有的痛苦、烦恼、财富、地位都显得微不足道。毕竟不管是钱财也好，爱情也罢，没有了生命，它们又如何存在呢？可为何却有这么多人本末倒置，反而把这世上最珍贵的东西弃之如敝屣？

不管失去了什么，只要生命还在延续，就依然会有希望；不管遭遇了什么，只要生活还能继续，就总能邂逅幸福。只要活着，我们就不会一无所有，新鲜的空气、明媚的阳光、和煦的微风、芬芳的花朵……这些难道不是自然赋予每个人的馈赠吗？这些难道不是金钱都无法买到的宝物吗？

生活在这个世界上，必然会遭遇到一些不如意的事，这些事情会让我们时常感到痛苦和烦恼。但从另一个角度来说，若没有这些痛苦和烦恼的衬托，幸福和美好还会像今天这般令人向往吗？生命最精彩之处莫过于它的多姿多彩，而这些多姿多彩中，有幸福自然也有痛苦，有快乐自然也有失落。不管是好是坏，不论是顺境还是逆境，都有其存在的意义，都能带给我们丰富多彩的体验。

　　试着善待生命吧，给自己一个健康而快乐的身体和心态，不要等到生死关头才感叹生命的可贵。学会感恩，学会享受生命最质朴的馈赠，活着，本身就是一件幸福的事。

第七章

与不完美的
自己相爱

我们每个人生来都不完美，每个人的内心深处都有一处阴影。
如果你偏执于不完美，处处与它作对，
那么生活也将处处与你作对；
假如你改变态度，勇敢接纳，那么生活总会给你微笑。
当下的快乐，从爱自己开始，学会爱自己，才能爱世界。

/ 第七章　与不完美的自己相爱 /

- 1 -

跳脱世俗的纷扰，平静浮躁的内心

上下班高峰期的路上，常常会看到堵车的情景。司机中不乏许多急性子，眼看车队大排长龙，喇叭声也时常是此起彼伏，仿佛昭示着上人的浮躁与不耐。想来有些好笑，拥堵的道路已是水泄不通，按响那刺耳的喇叭又能解决什么问题？不过再平添几分懊恼和烦躁罢了。

作家贾平凹在小说《浮躁》中有这样一段描述："在我们的心灵深处，总有一种力量使我们茫然不安，让我们无法宁静，这种力量叫浮躁。浮躁就是心浮气躁，是成功、幸福和快乐最大的敌人。从某种意义上讲，浮躁不仅是人生最大的敌人，而且还是各种心理疾病的根源，它的表现形式呈现多样性，已渗透到我们的日常生活和工作中。可以这样说，我们的一生是同浮躁斗争的一生。"

这不正是许多现代人的写照吗！在这飞速前行的时代里，我们变得越来越急躁，越来越功利，追求着表面的浮华，追赶着片面数字的增长，渴望着不劳而获的好运……却忘了，人生想要获得真正的成功，所需的是一份耐心、一份守候和一份坚持。

有一位作家在成名前十分潦倒，寄居在一个大杂院里，心中一直有怀才不遇的郁闷之气。每到傍晚他总是会听到从隔壁澡堂里传来的洗澡声及小孩子的喧闹声。一听到这些声音，他就感到十分焦躁与无奈。有时候，不知从什么地方还会飘来一股香香的烤鱼味，引诱着他那饥肠辘辘的肚子。这让他总是感到不安，因为囊中羞涩，他总是有一顿没一顿的。

有一天，在烦闷之余，透过窗子，他忽然看到隔壁有个简朴的小花台，花台上种有几盆鲜花，绿意盎然地并排在水泥砖块上，其中有玫瑰、杜鹃，等等。

这时，他又看到花台旁有一位衣着整齐的老人，正在那里浇花。以后每到傍晚，他都会看到这位老人快乐地浇花。有一天，这位愤世嫉俗的作家正发呆地望着那些花草时，那位老人突然停下来对他说："从这地方正可以远眺呢！很不错吧！"

这时，邻家又进来一大堆的孩子，老人亲切地招呼着这些小孩，脸上露出喜悦的微笑。

突然之间，作家好像领悟了一切。孩子的嬉笑声不再令他感到厌烦，邻居的洗澡声、嘈杂热闹的音乐也不再引起他的愤怒了，甚至连隔壁恼人的油烟味也会令他想起"母亲的味道"。

世界上一切东西都有美好和丑恶两面，重要的是你以怎样的心情，怎样的眼光去看待它。孩子的嬉闹可能是打扰人的噪声，但也可能传递着快乐与喜悦，这正如人生的挫折，可以是令人痛苦的磨难，也可以成为打磨你能力的利器。人生中的喜乐哀愁往往都不是绝对的，主要看你站在哪个角度，以哪种心情去看待。

越是身处困境，我们就越是需要去除浮躁。以冷静的头脑，平和的态度去面对，这样才能因时利势，运用环境的力量，运用时代的力量，运用知识的力量来为生活创造全新的面貌。

哥伦比亚大学新闻系有一男一女两名毕业生到《纽约时报》社应聘做记者。男生为人朴实、勤奋，踏实肯干，平时在报社里，他每天主动打水扫地，接电话，分发报纸，很多琐碎的活儿都抢着干，所以口碑极好，颇

/ 第七章　与不完美的自己相爱 /

得人心。在工作上,他虽然做不到妙笔生花,但他坚信勤能补拙,不论大小新闻,路途远近,都跟着正式记者们风里来雨里去,忙前忙后从无怨言,渐渐地也写出了几篇不错的作品。

那位女学生则完全相反,她是一个千万富翁的独生女儿,从小就表现突出,才华不凡,在各类比赛中获奖无数,自视甚高的她到了这家报社后,自然表现出目空一切的架势。每日仰着脸走路,采访体育新闻嫌闹腾,采访娱乐信息嫌俗气,家常琐事又懒得理,所以也难有什么题材对她的胃口。办公室里的活儿就更不用说了。

三个月的试用期转眼就过去了,那位男生留下来发展,那个女生却只能拎包走人。那位女生临走时始终也弄不明白,堂堂《纽约时报》社怎么放着才华横溢的她不要,偏生留下了一个"土包子"?

其实,若这位女生能去除自己身上的浮躁之气,冷静下来想想,或许就能解答心中的困惑了。与那位被她称为"土包子"的男生相比,她除了有辉煌的过去之外,还有什么可供炫耀的资本呢?任何一家企业任用员工,看重的都是他工作的态度、实际的工作能力以及他为企业创造的业绩。如果这个员工根本不能认真对待工作,即便他有通天的能力,又有什么用处呢?

工作如此,生活同样如此。过去的你多么快乐或痛苦,对于此刻而言根本没有任何意义。你曾是天之骄子,也许曾低入尘埃,这都不能决定你的人生状态,你过得是否幸福,只看你此时此刻的体会,与过去、未来都是毫无关系的。

别让过去成为今天的枷锁,别让浮躁赶走心灵的平静。当我们能够跳脱出世俗的纷扰、战胜精神的困苦时,不论身处何种境地,都能让灵魂置于幸福之地。让那颗浮躁的心静下来吧,当拥堵的马路上不再有喇叭的喧嚣时,哪怕堵车的时光相信也能品出片刻的安然。

- 2 -

宽容与遗忘，是爱护自己的方式

某个爱情综艺节目上，一对遭遇爱情危机的恋人站上舞台。男孩曾因一时冲动做出过对不起女孩的事情，爱情由此蒙上阴影。女孩伤心地哭诉："我想原谅他，可我放不下他曾经的背叛；我想过离开他，可我又忘不了曾经的美好。"于是，爱情成为一场折磨，幸福演变成无尽的痛苦。

很多时候，痛苦的经历或许只有几个月、几天，甚至可能几个小时，但这段经历带给我们的伤害，以及那种绝望痛苦的情绪却可能持续几年、几十年，甚至一辈子。这种漫长的伤痛，往往是因"放不下"而造成的。就像那个遭受过背叛的女孩，因为放不下曾经受过的伤害而无法释怀，又因放不下曾经拥有的快乐而不愿离开，致使生活只能在不断重复的痛苦与纠结中挣扎。

人生就像一场漫长的跋涉，在这个过程中，我们会领略各种各样的风景，品尝各种各样的味道。如果非要把那些走过的、看过的都牢记于心，岂不是给心灵增添了很多额外的负担，拖住了前行的脚步？

活得快乐的人往往都擅长遗忘，因为他们懂得，只有给自己的心灵卸下没必要承担的重担，才能在人生路上保持轻松快乐的步调。他们清楚，过去的都是"完成时"，时间永不停留，自己能做的，就是吸取曾经的经验和教训，而没必要对过去耿耿于怀。

幸福者与悲痛者最大的区别就在于，前者善于忘记，而后者却不懂放下。

/ 第七章　与不完美的自己相爱 /

在一家准上市公司做市场部总监的郭亮最近常常被烦恼的阴云笼罩,他想让自己摆脱这种情绪,于是在一个周末的午后,他来到了一位心理医生的办公室。

通过和郭亮聊天,这位心理医生得知,原来,郭亮原本有很大的希望被晋升为副总裁。然而,一个与他暗中竞争的同事,竟然将他以前工作中曾经出现过的一次失误以书面形式递交给了董事长。于是,郭亮升职的希望便在对方的嫉妒和攻击下暂时搁浅。

听完郭亮的经历,心理医生并没有立马给出解释,而是站起身出去了一会儿。他回来的时候,手里拿着一个细细的橡皮圈儿和一个带挂钩的砝码。心理医生坐下来,当着郭亮的面,把那个砝码挂在了橡皮圈儿上面,然后拎起了橡皮圈。那个砝码的重量,把橡皮圈儿绷紧几乎到了极限,似乎稍一用力,就会令其崩断。郭亮不解,他细细地观察着心理医生怪异的举动。

随后,心理医生问道:"那个陷害你的同事升职了吗?"

郭亮摇了摇头。

心理医生继续问:"那么,请你如实告诉我,你的那个同事所说的话是否是真实的呢?"郭亮思忖了一会儿,回答说:"应该有一半是事实吧。"

听了之后,心理医生就笑了,说:"既然他没有升职,并且帮你指出了你的不足之处,你应该感谢他才对,而不是仇视他呀。以后你若能把曾经失误的地方都做好,是不是对你的职业生涯会更有帮助呢?"

郭亮赞同地点了点头。医生随手摘下砝码,橡皮圈儿立马弹回去大半。

心理医生将那个恢复原状的橡皮圈儿递给了郭亮,并解释道:"看到了吗,现在在你已经没有负担了,又恢复了先前的弹性,你还是那个完整无缺的'橡皮圈儿'呀!"

听到这儿,郭亮才恍然大悟:的确如此呀,只要生活中没有负面的砝码,让自己忘记那些无谓的烦恼,自己的生命不就又恢复先前的弹性了嘛!

同事的攻击、升职的搁浅，这些事情从发生到结束大约只有几天时间，但因为这些事情的发生，郭亮却陷入了烦躁和愤怒之中，即便事情已经过去，也始终走不出这种负面情绪的笼罩。事情往往具有两面性，不能升职虽然令人遗憾，但正如心理医生所说的，郭亮却能从这次失败中找到自己的不足，让自己变得更优秀，这难道不是一种收获吗？那些一直折磨着我们的负面情绪，其实就像橡皮圈儿上挂着的砝码一样，只要拿下来，丢开它，我们自然也就能恢复从前的弹性了。

每个身处繁杂生活和工作中的人，都难免会有这样那样的烦恼，但是很多时候，烦恼是我们硬生生添加到自己身上的，很多的烦恼纯属庸人自扰，它其实不会对我们的生活和工作造成任何实质上的影响。要想让自己过得轻松些，就必须学会忽略这些烦恼，忘记这些不快。

要知道，忘记是心灵的自我调适，也是一种平衡心理的能力。善于忘记的人，才能活得轻松、活得自在。不要再为鸡毛蒜皮的事斤斤计较，不要再为陈芝麻烂谷子的过去耿耿于怀。如果伤害已经造成，那就把它放下留在过去吧，放不下伤害，其实才是对自己最大的伤害，只有做到既往不咎，才能真正活得轻松快乐。

学着忘记那些不愉快吧，宽容别人，其实就是爱护自己的一种方式。走过漫长的人生旅途，有些人、有些事难免会令我们无法介怀，但未来的路还很长远，要想品尝更多的快乐和幸福，就要懂得放下占据我们心灵的痛苦与伤害。拿得起、放得下，烦恼自然会悄悄走开，而轻松与快乐也会随之而多起来。

- 3 -

他人的评价不代表真实的你

"那个女的都三十好几了,还不结婚,肯定是太挑剔了,不然就是性格有问题!"

"你怎么找了这么个老公啊,没本事又不会赚钱,要他有什么用啊!"

"你看看你那工作,天天加班,累得要死,也不多赚钱,别做了!"

"这件衣服不适合你,你那么胖还买衣服做什么啊,穿什么不都一样吗,别浪费钱了!"

……

生活中,类似以上的这些话,想必我们都不陌生,我们或许听过,也或许说过。人们总是喜欢根据自己的经验和喜好来给别人贴上标签,这几乎是每个人都会做的事情。其实这很可笑,你凭什么去给别人打分,又凭什么去判定别人的失败或成功呢?

不结婚的人,未必就有缺陷,对人家而言,或许觉得一个人的生活状态是最惬意的;不会赚钱的人未必就一无是处,只是你看不到他身上的闪光点罢了;当你觉得别人工作累赚钱少的时候,或许他们正沉浸于工作带来的喜悦之中;当你对一个胖子的身材指指点点时,比起骨瘦如柴的美感,他或许更喜欢想吃就吃的随意……

任何人都没有权利去给别人贴标签,同样地,任何人也没有权利来给你打分。尤其是那些喜欢对你指指点点的人，他们的挑剔不应成为左右你人生的标尺。

看过《三国演义》的人都知道，那是一个群星璀璨、英雄辈出的年代。提起小说中为人们所津津乐道的英雄们，大家通常都会想到刘备、曹操、诸葛亮、周瑜、关云长、张飞这些人物，其中，有一位称霸一方的领袖却总是容易被忽略，他就是孙权。

看过《三国演义》的人大多对孙权是有些轻视的，作为三国之一的东吴之主，不管在正史还是小说中，他似乎永远都在给刘备、曹操等人充当配角。毕竟，从看客角度来说，孙权的人生故事的确算不上多么精彩，但是，作为看客的人们对孙权的评价真的中肯吗？

我们知道，在三国时代，东吴当时是最富庶也是最稳定的地区。作为领导者，孙权虽然未能带领人民"开疆辟土"，统一天下，但他却牢牢守住了一方天地，为老百姓捍卫了一个安居乐业的地方。从历代看客的角度来说，孙权多么不思进取啊，可对于那些老百姓而言呢？他无疑给予了他们最渴望的一切——乱世中的安稳。

在个人表现力上，不管是曹操还是刘备似乎都比孙权要出彩得多，甚至在历史上，周瑜、黄盖等下属的名头都要比孙权响亮得多，但值得注意的是，不管是周瑜还是黄盖，谁人不对主公孙权忠心耿耿？他管理下的江东子弟，无一不是铁骨男儿，不仅能够独当一面，而且极为团结，绝没有谁生过异心。作为一个领导者，这难道不是最大的成功吗？如果说曹操的管理是事必躬亲、处处插手，刘备的管理是依赖精英、以情感人，那孙权的管理就是依靠整个团队，这样的人注定故事不多，但却凭的是真本事。

作为历史的看客，或许有不少人都看不上孙权，认为他是三国里最大的"龙套角色"，但纵观那个时代，谁人不想在孙仲谋手下获得一份安稳？在他生活的年代，他始终被他的下属拥护和爱戴，熟悉他的人，没有人敢说他是差劲的、失败的，就连不可一世的曹操在晚年时也曾感叹说"生子

第七章 与不完美的自己相爱

当如孙仲谋"。

人们在评价某个人或某件事的时候，通常都是从自己的角度出发，以自己的世界观、价值观为依托的。在这个世界上，人与人的想法、喜好、追求本就不一样，你认为的成功未必会得到别人的认可，别人的渴望也未必是你的追求。我们不可能做到让所有人都满意，我们也没有必要非得去让别人满意，我们只要做最好的自己，过自己最舒适、最喜欢的生活，那就是人生最大的成功。

别人眼中的你，未必就是最真实的你。他轻视你，并不代表你就是差劲、没本事的；他不认可你，也不意味你就毫无价值。如果你觉得自己已经足够努力，或者自己做的是对的，就不要被别人的目光所左右，也无须因他人的不理解而委屈。你的价值，自己认可就行；你的幸福，自己享受就好。

自从进入这家大企业之后，李佳的心就一直是忐忑的。作为一个从农村出来的姑娘，站在这些靓丽时尚的城市女孩面前，李佳心里总是存有一份小小的自卑。这份自卑让她对别人的眼光特别在乎。

她喜欢舒适柔软的布鞋，却因为同事的"建议"而换上了高跟鞋；她爱吃质朴的农家菜，却为了赶潮流而出入西餐厅；她不喜欢香水味，却由于那一句"不用香水的女人没有未来"而开始每天给自己喷洒香味……

当她喜欢上公司一个善良的男孩时，也因为同事们背后取笑男孩穿着打扮"土气"而却步，以致错过了一段美好的姻缘。

现在的李佳已经"脱胎换骨"，成为了时尚漂亮的白领女性。她穿着高跟鞋，握着刀叉吃牛排，身上永远带着香水味，甚至还找了一个帅气时髦的男朋友。

可是，李佳却始终不快乐。

是啊，李佳怎么会快乐呢？即便已经获得别人眼中的"幸福"，即便已经成为别人眼中"优秀"的人，李佳也不会感到快乐，因为那些"幸福"和"优秀"根本不是她内心真正想要的东西。当她把那个穿着舒适布鞋、乐呵呵吃着农家菜的自己丢失时，当她因别人的眼光而不敢争取自己想要的爱情时，她早已把自己的幸福丢失了。

不要盲目地去追寻别人眼中的幸福，也不要因别人挑剔的目光而不敢踏出自己的脚步。你就是你，你的优秀、快乐、幸福都只有你自己能判断。这个世界上任何人都没有权利给你打分。做最真实的自己，争取内心最想要的东西，这才是真正属于你的幸福生活。

- 4 -

建立自信，学会自我赞美

在文章开始之前，我想问你，你对现在的自己感到满意吗？

"不满意，我的鼻子不够挺拔，眼睛也小了一点""我脸上的毛孔太过粗大，脸庞不够小巧，嘴唇不够性感""我的个子不高，身材不够迷人"……大多数人大概都会是这样回答的吧，很少有人能自信地扬起头说："我很满意现在的自己！"

缺乏自信的人通常都有相类似的生活模式：自惭形秽，悲观失望，和人谈话会紧张、脸红，等等。没有自信的人是很难快乐的，因为他们总是活在别人的目光之中，哪怕是迎接赞美的时候也总是战战兢兢，担忧自己配不上这些赞美。这个世界上最了解你的人就是你自己，如果你对自己都没有信心，

/ 第七章　与不完美的自己相爱 /

总认为自己不好，连自己都看不起的话，那么还能指望谁看得起你呢？

每个人都是世界上独一无二的存在，没必要总是自卑自怜，更不能自暴自弃，哪怕你不够聪明，不够漂亮，不够机智，你的人格也不会比别人低一等。抬起头，我们才能从容地与人交往。如果总是畏畏缩缩，哪怕再昂贵的衣裳穿在身上，也不会衬托出你的美丽。

有一对双胞胎兄弟，他们长得非常相似，从小到大都穿一样的衣服，理同样的发型，上同一个班级，就连他们的兴趣也都出奇的相似：踢足球、玩滑板。但是不论是邻居还是朋友，不论是老师还是同学，仍然一眼就能辨别出谁是哥哥，谁是弟弟。因为这兄弟俩的性格几乎全然不同。

弟弟由于从小身体比较弱，父母格外照顾得多，因此性格较为优柔。比他不过才大五分钟的哥哥却不同，由于父母常常告诫他要多照顾身体不好的弟弟，因此早早就造就了他从容大度的胸襟和气魄。在兄弟俩的成长过程中，哥哥自觉担当起了"保护者"的角色，而弟弟则自觉成了"被保护者"。在这样的相处模式中，哥哥越强，弟弟就越弱，这让弟弟时常感到很自卑，觉得自己什么都做不好，自己什么都不如哥哥，于是越发表现得胆小怕事、畏畏缩缩。

大学毕业后，兄弟俩进了同一家房地产公司做销售员。不久后，哥哥就被提升为销售部经理，而弟弟则被调离了销售部。毕竟虽然是兄弟俩，但表现实在是天差地别！哥哥面对客户时总是充满自信，令人信服，销售业绩自然突飞猛进。弟弟因为一直很自卑，面对客户时更是胆怯心虚，有时连说话都会突然口吃，这样的销售人员，哪个客户会"买账"呢？

哪怕是亲兄弟，哪怕长着一样的面孔，穿着一样的衣服，精气神放在那里，一眼就能看出彼此的区别来。自信是最好的装饰品，你希望别人信任你，你就得先信任自己；你想让别人赞美你，你就得先赞美自己。缺乏自信的人是可悲的，他们甚至连抓住幸福的勇气都没有。试想一下，如果连你自己都觉得自己配不上好的东西，那么生活又怎么会给予你鲜花和掌声呢？

那么，人的自信从哪里来呢？这其实源于肯定和赞美。每个人多多少少都有那么一点虚荣心，都希望在别人眼中是好的、优秀的，这无可厚非。我们知道，很多时候，你未必能成为众人瞩目的焦点，你也未必站得上璀璨夺目的舞台，你可能只是一个平平凡凡、普普通通的人，你没有办法从人群中脱颖而出，你甚至根本没有机会获得别人的赞美，但那又有什么关系呢？我们可以学着赞美自己啊！

每个人都有缺点，同样地，也肯定会有优点。你可能没有高大的身材，但你或许能够拥有渊博的学问；你可能没有足够美丽的容颜，但你可能拥有动人的声音；你可能不擅长演讲，但你可以善于倾听……即便你绞尽脑汁也无法想出一个值得称赞的地方，但至少你还可以善良，可以有礼貌，可以宽容而友好，这些都是你可以控制自己做到的不是吗？你值得赞美！赞美自己，实际上是对自己的尊重与认可，也是成就自己、体现自身价值的前提条件。所以，不管你外表如何，出身怎样，你都要记得对自己说："我很好！"人要先有自信，才有获得成功和快乐的资格。

刘军学历不高，其貌不扬，但是仅仅从学校毕业三年，他就从一名普通员工，成功晋升为部门总监，在事业上取得了斐然的成就。关于自己的成功秘诀，刘军只总结了一句话："我知道我非常好！"

到现在，刘军还清楚地记得自己刚刚毕业时，在北京的CBD各大写字楼之间谋求一份工作的情景。当时他虽然毕业于一所名牌大学，但因为缺乏工作经验，屡次被拒之门外。

刚开始的时候，刘军有些泄气，昂扬的斗志也被残酷的现实浇灭了不少，但是经过一番思考后，他对自己说："你在校成绩优秀，认真踏实，又能吃苦耐劳，你已经够好了，你一定可以寻求一份理想的工作。"

在无数次的失望中，刘军就是靠着这种对自我的赞美来重拾信心的。后来，他将目标转移到了北京北边的中关村，在这里，他终于找到了自己理想的职位——一家上市 IT 公司的程序员。事实证明，他做的确实已经够好了！

人生总有遭遇低谷的时候，也总会在困境中久久找不到出口。很多时候，人们不是被挫折击溃，也并非被困境所困死，很多人的失败与痛苦其实都是源于自信的缺失。因为缺乏自信，人很容易就会产生自我怀疑，尤其身处困境时，一点小小的挫折就可以让人一蹶不振。

困境并不可怕，可怕的是你已经失去了挣脱困境的勇气和希望。学着赞美自己吧，无论是福是祸、是好是坏，我们都应该相信自己。相信自己，才有希望，相信自己，也才可能有勇气继续开创未来。

世界著名的艺术家毕加索说："你就是太阳。"这绝非狂想，更不是疯人之语，而是一个独立思考者对自身的欣赏和讴歌。是啊，我们每个人心里都有一个大大的太阳，我们每个人其实都是优秀的，只要我们善于发掘自己，发自内心地赞美自己，终会将那个"太阳"从深深的角落里寻找出来。

- 5 -

你的美丽，需要欣赏

以前，容貌是天生的，长得好不好看都是爹妈给的，改不了；现在，随着整容的出现给许多长相不尽如人意的人带去了希望，让他们有了"回炉再造"的可能。不过即便是整容，也有一定的局限性，整成什么样子，除了参照你的意愿之外，也得兼顾你的底子。于是，又有人提出了更有趣的设想——换脸。

对于一部分人来说，整容确实能改变他们的人生，比如先天具有某些缺陷的人，整容在带给他们更多自信的同时，也能让他们拥有正常人的人生。但是对于那些将人生成功和幸福的希望都寄托在整容上的人而言，哪怕真的给他们换上一张倾国倾城的脸，他们也不可能收获到真正的幸福。

一个不懂得欣赏自己，全盘否定自己的人，又怎么可能获得幸福呢？有时候，你需要的，并不是换一张脸，而是换一面心灵的镜子。

有一位画家，自小就喜欢画画，但是从来没有把自己的画拿出来让别人欣赏过。某天，画家突发奇想，想看看自己画画的水平到底如何，有何不足之处。于是，他拿着自己的画到集市上，并在画的旁边写了一行字："如果你觉得哪里有不足之处，请指出。"

到晚上的时候，画家兴致勃勃地去拿自己的画，当他看到自己画的时候，他惊呆了，上面密密麻麻地写满了画作不足的地方。这时候，画家非常伤心：我画了几十年的画，想不到自己的画仍有这么多不足的地方，难道我不适合画画？我应该放弃吗？

画家回到家后，依然很不开心，他的妻子见状便关心地问是怎么回事。妻子知道事情的原委后，笑着对他说："你不妨明天再拿着同样的一幅画去集市上，但这次你要将那行字改成'如果你觉得哪里画得不错，请指出'，相信结果一定会让你大吃一惊的。"

对于妻子的话，画家半信半疑，但他还是照妻子说的做了。结果，到了晚上，画家看到所有曾被指责为败笔的地方，如今都换上了赞美为妙笔的记号。

画家这才恍然大悟："不管我们干什么，只要使一部分人满意就够了，因为在有些人看来是丑恶的东西，在另一些人的眼里，恰恰是美好的。"

/ 第七章　与不完美的自己相爱 /

同一幅画，在不同的人眼中却有着全然不同的评价，有人说是败笔，有人却称之为妙笔，每个人的尺子都不同，你永远不可能做到取悦所有人。

人的美丑同样也是如此，有的人喜欢双眼皮，有的人迷恋单眼皮，有的人觉得樱桃小口好看，有的人却认为大嘴巴厚嘴唇性感。美丑的标准同样也一直在变化，唐朝时期，丰乳肥臀才是女人美丽的标志，而现在，骨感苗条却又成了人们新的追求。

我们无法拥有一张人人都喜爱的完美脸庞，正如我们同样无法把事情做得让所有人满意一样，其实，这都不重要，为什么一定要让别人满意呢？与其想尽办法地换脸去取悦别人，倒不如换换自己心灵的镜子，从挑剔自己的不足，转化为欣赏自己的优势，当你懂得欣赏自己的时候，你会发现，其实你早已经拥有了最美好的一张脸。

一位年迈的富翁担心自己死后，唯一的儿子会因为继承大笔财富而变得懒惰，不肯奋斗，最终坐吃山空，甚至招来厄运。为此，他想到了一个办法。

富翁把儿子叫到跟前，将自己年轻时白手起家的过程如实地讲给儿子听。他希望用自己的经历鼓舞儿子，让他靠自己的努力打拼出自己的未来。儿子听到父亲动容的讲述，心生感动，决定独自一人去寻找财富。他跋山涉水，历尽千辛万苦，终于在一片热带雨林里找到了一种能够散发出浓郁香味的树木，这种树木和其他林木不同，把它放到水中，它不会浮在水面上，而是沉到水底。他相信这定是价值连城的宝贝，于是满心欢喜地带着"香木"到市场去卖。

人们从未见过这样的树木，而且单看外表也没有发现"香木"有任何独特之处。几天下来，他的树木根本无人问津，可他旁边卖炭的老头生意却非常好，一车木炭，半天的功夫就都卖光了。

起初，富翁的儿子还能够坚持自己的初衷，他相信自己的宝贝肯定能卖个好价钱，只是需要点时间而已。但是，半月下来，眼看着别人的木炭每天都能卖上一辆车，而自己的树木始终没人询问，他不禁有点急躁了。

一个月后，他终于还是动摇了，把自己的香木全都烧成了木炭。结果，烧成的木炭很快卖完了，他非常高兴，拿着自己卖炭的钱迫不及待地回家见了父亲。

父亲得知儿子的经历后顿时老泪纵横，他深深地叹了口气，说："孩子，你烧成木炭的香木，是世上最珍贵的树木——沉香。你只要切下一小块磨成香粉，它的价值都远远超过那一车的木炭啊！"

让富翁老泪纵横的，其实并不是儿子失去了一个赚钱的机会，而是他始终没能够守住自己的"沉香"，让最珍贵的香木，变成了最平常的木炭。回头想想，生活中又有多少人也曾犯过同样的错误？没有坚守自己的"沉香"，而是选择了随波逐流，放弃了做最真实、最独一无二的自己。

欣赏自己是一种由内而发的自信姿态，而不是华丽的外表和他人艳羡目光下的自我形象。欣赏自己，就该在无人为你鼓掌的时候，给自己一点鼓励；就该在无人安慰自己的时候，为自己擦掉泪滴；就该在自惭形秽的时候，给自己一句赞美。当你学会欣赏自己，认识到自己的价值时，就不会轻易因别人的看法而嫌恶自己、贬低自己，也不会按照别人的标准来生活，更不会感到压力重重。

当然，欣赏自己不是自视清高，也不是孤芳自赏，而是在平凡中发现自己的独特魅力。你看那春寒料峭中的冰凌花，它从来不被人像牡丹那样地宠爱，但它仍旧义无反顾地迎着寒风倔强地开放。天底下的至香至色，只愿与清寒相伴。不卑不亢，落落大方，才是欣赏自己的方式，只有学会爱自己，人生才能保持最美的姿态。

- 6 -

心中有爱，生活哪里都可爱

科学家说，人的生老病死都是由基因所决定的，研究明白基因，也就参透了人体的奥秘。其实，人是否能活得幸福也是由基因决定的，只不过决定幸福的基因并非来自我们的身体，而是深藏在我们的心灵深处。

一个人心灵深处是否能找到幸福的基因，在于这个人对待生活是怎样的态度。如果你眼中的生活值得爱，那么你会发现身边处处是美景；若是你口中的幸福只是一个概念，那么美景在你眼中也只是一片荒凉。

有一位诗人心里充满了对生活的困窘和无奈，身心俱疲的他想去旅行，希望可以借旅行来散散心。谁知，旅行并没有给他带来快乐，只是让他在不同的地方依然为同样的烦恼而痛苦着。直到有一天，他听到路边传来一阵悠扬的歌声。

歌声非常美妙，跳动着快乐的音符，诗人不禁驻足聆听。没过多久，诗人的心情就像秋日的晴空一样明朗，又如夏日的泉水一般甘甜，他被快乐的音乐紧紧地包裹起来，内心重新获得了生活的勇气。

突然，歌声停了下来，一个面带笑容的男人走了过来。诗人从来没有见过笑得如此灿烂的人，心想：这个人肯定没有经历过任何苦恼。只有从来没有经历过任何艰难困苦的人，才会笑得这样灿烂、这般纯洁。

于是，诗人走上前去问候："你好，先生，从你的笑容中可以看出，你是一个天生的乐观派。你的生命肯定一尘不染，肯定没有尝过风霜的侵袭，更没有受过失败的打击，并且幸运的天使肯定会常驻你的家门，你就像不食人间烟火的神仙，烦恼和忧愁肯定没有敲过你的家门。"

男人摇摇头说："您可猜错了，就在今天早晨，我丢了唯一的一匹马。"

诗人非常不解，疑惑地问："最心爱的马都丢了，为何你还能唱出歌来？"

那个男人说："我当然要唱了，我已经失去了一匹好马，如果再失去一份好心情，那损失不是更大吗？正是因为有了歌声的相伴，才使我的生活充满阳光，才使我更加热爱生活。每当唱歌的时候，我就会感觉每一个早晨都充满了希望，而幸福就在前方等待着我的到来。"

在生活中，我们也应该像故事中唱歌的男人一样积极乐观。如果生活已经让我们失去很多，那我们又怎能再将好心情丢弃呢？生活中没有什么能够让我们不快乐，除非我们自己不想快乐。

人生是一条漫漫长路，有令人赏心悦目悠然忘我的美景，也有凄风苦雨穷山恶水的惨象，除此之外，更多的是平淡而重复的画面，谈不上美，也不算丑，这样的景色才是我们人生的常态。在这样的路上，你可以决定是要哼一支欢快的歌使脚步轻灵，还是叹着气拖着沉重的脚步往前走，你的选择就决定了你人生大部分的时间是快乐还是悲伤。

生活就像是一首歌，歌声是欢快的，生活就是幸福的；歌声是悲伤的，生活就是悲哀的。既然如此，那么我们为什么不选择大声地为生活唱一首欢乐的歌呢？为什么不选择幸福的生活呢？每个人的心灵深处都有幸福的基因，重要的是，你是否能发现它、激活它，然后带着对生活的热爱与感恩前行。

幸不幸福取决于我们自己，生活中很多人之所以觉得生活不够幸福，并不是遭遇了太多的不幸，而是想到了太多不幸的事。不幸福的人心中总是藏着满满的负累，当心灵已经被痛苦和不快所占据时，自然没有幸福栖息的地方。拥有幸福其实并不难，把快乐的留下，将痛苦的驱逐；多看看拥有的，少想想缺少的，幸福自然不请自来。

台湾黄美廉女士出生时由于医生的疏失，她的脑部神经受到了严重的伤害，自幼便患上了脑性麻痹症，以致颜面、四肢肌肉都失去了正常的功能。她不但不能说话，而且嘴还向一边扭曲，口水也总是止不住地往外流。尽管如此，黄美廉女士还是快乐地用手当画笔，不仅画出了加州大学艺术博士的学位，还画出了自己生命的灿烂。

黄美廉拥有的成就是一般正常人都很难达到的，但最令人感慨的还是她的乐观。因为脑性麻痹症，她作画要克服常人难以想象的困难，但是每当她铺开画布，都会感到无比快乐。

在一次演讲会上，有个学生直言不讳地问她："请问黄博士，您为什么这么快乐幸福呢？您从小身有残疾，您是怎么看待自己的，有没有过别样的想法？"对一位身有残疾的女士来说，这个问题是那样的尖锐和苛刻，不过黄美廉并没有在意，只是朝着这位学生笑了笑，转身用粉笔重重地在黑板上写下一句话：我怎么看自己？

写完后，黄美廉回头冲在场的学生们笑了一下，接着又在黑板上龙飞凤舞地写着自己对问题的答案。

一、上帝很疼爱我！

二、我很可爱！

三、我会画画、会写文章！

四、我的腿很美很长！

五、爸爸妈妈好爱我！

……

黄美廉一下子写出了几十条让她热爱生活的理由，条条都是那样的理直气壮。这时，笑容从她的嘴角荡漾开，一种淡然、傲然的神情溢满了她的脸。

台下传来了雷鸣般的掌声……

人们常常会羡慕别人的成就，却总是忘记对方遭受的苦难，若没有那些苦难，成功又怎么从天而降呢？就像黄美廉女士，她的成就固然令人羡慕，但她生命中所遭遇的苦难也是一般人所无法理解的。最令人敬佩的是，苦难从未打倒过黄女士，她从未因自己的缺陷而沮丧，反而将所拥有的幸福罗列起来，充满感恩地去珍惜生命，热爱生活。

生活中，不幸也好，幸福也罢，都是堆砌起来的。如果你用不幸作地基，那么盖得再高也只是眼前的屏障。若是你以幸福作地基，你就能盖出世界上最高的眺望塔！通过这座塔，你可以眺望未来的幸福，看遍天下美景！现在开始，不要去想生活的不满，只看自己所拥有的，记住今天的自己很好就够了。

- 7 -

假装快乐，就会真的快乐

在生活中，你有没有过这种体验：当你认为周围的事不顺心，处处都是烦恼时，心里就会产生烦躁的情绪，做起事来就会更急躁，对他人也更没有耐心。这样的情况，很容易令你所做的事情出现差错，使你的人际关系变得糟糕，而这又会导致你情绪低落，陷入更多的烦躁之中，久而久之居然形成了一种恶性循环。

怎么办？虽然我们总说要乐观，要积极向上，但有时候，情绪的调控并没有那么简单，我们理智想要快乐起来，情感却常常不在状态，但日子却总是要继续的。如果你确实无力控制你的情绪，也暂时无法改变眼前的情况，那么你可以通过有意识地改变行动来进行情绪的改善。换言之，当你处于不良情绪中无法自拔时，试着把嘴角上扬，做出微笑的表情，然后装出一副开心的样子。

假装快乐，假装微笑，听上去倒是更像自我欺骗。虽然有些匪夷所思，但假装快乐确实是一种快速调整情绪的好方法，可以使人们尽快脱离不良情绪。当形成习惯以后，快乐就仿佛长在了身上，成为身体的一部分。就连实用心理学顶尖大师威廉·詹姆斯也说："如果你不开心，那么，能变得开心的唯一办法是开心地坐直身体，并装作很开心的样子说话及行动。"

人的身体和心理是能够互相影响的，某种情绪会引发相应的肢体表达，反过来，肢体表达的改变同样也会引发情绪的变化，因此，当我们无法调整内心情绪的时候，可以控制自己的肢体表达，以肢体的动作来带出你需要的情绪。当你强迫自己做微笑的动作时，内心也会开始涌动出欢喜，假装快乐，往往能够弄假成真，让你真的快乐起来，这就是身心互动原理。

不信？你可以现在就试一试：先在脸上堆起一个大大的微笑，放松肩膀，深吸一口气，然后唱首歌，或者吹口哨，哪怕就轻轻哼个简单的旋律也行。如果你这么做了，相信你就会明白威廉·詹姆斯的意思——如果你的行为散发的是快乐，你的心里也将照进阳光。

有一个女孩，因为小时候受伤而在左额上留下了一块伤疤，这让她觉得自己很丑。这块伤疤让她不愿意和别人打招呼，甚至不愿意抬头走路，每天情绪都很低落。一天，妈妈送给女孩一只发卡，发卡别在头发上正好挡住了那块伤疤。女孩很开心，感觉自己变得顺眼多了，她别着发卡开开心心地出了门。

这一整天女孩都觉得心情很好，好像每个人对她都比平时更亲切了许多，她也主动和别人打招呼，上课听讲也更认真了，因为她觉得好像每个老师都在注意她。这简直是女孩生命中最美好的一天，她由衷地感谢那只神奇的发卡。

晚上回到家里之后，女孩兴奋地和妈妈说："妈妈，你送给我的这个发卡实在太神奇了！我从来没有感觉这么好过。"接着，她把当天在学校发生的一切都和妈妈讲了。

可妈妈听后，却纳闷地对女儿说道："亲爱的，我很高兴你能喜欢那只发卡，可是今天你一直没有戴着它啊。你看，早上你出门的时候，它就掉落在了门口，我把它捡回来了！"

女孩以为是发卡的"魔力"改变了她的生活，但事实上，真正改变了她生活的是她自己的心态。额头上的疤痕一度让女孩自卑不已，发卡恰到好处地遮挡住了让女孩自卑的疤痕，这让女孩觉得，拥有这个发卡，自己就能摆脱自卑的伤疤。于是，当她内心坚信这一切时，那个发卡其实已经进入了她的心中。她以为戴上发卡的自己可以充满自信，于是她就真的充满自信了，生活也因此而发生了改变。事实上，那个实实在在的发卡早已经掉落在门口，但女孩心里的发卡却一直都在。这也正好印证了世界级潜能开发专家安东尼·罗宾所说的："你有什么样的感觉，你就有什么样的生活。"

微笑是最美丽的符号，为何要板着脸不苟言笑呢？许多事情我们无法改变，但我们可以试着掌控自己的心情。即使那些没有头绪的问题总使你焦头烂额，但只要记住随时笑一笑，那么好心情不仅挂在你脸上，更会喜在你的心头，快乐自会源源不断地向你"袭来"。

山姆原本是一个不起眼的年轻人，他的工作就是每天站在工厂里的车床旁边卸下螺丝钉。一开始他非常厌倦这个工作，但当他发现无法改变现状时，就想："与其这样郁闷，倒不如开心一点吧。"琢磨来琢磨去，他决定和旁边的同事比赛。他们一个磨平螺丝针头，另一个负责整修螺丝钉的大小。

接下来，山姆将工作当成了一项快乐的游戏，他整天兴致勃勃地工作着，优秀的成绩使他赢得了很多赞誉。对此，山姆解释道："虽然我以前只是假装喜欢自己的工作，但这让我似乎真的多少有点喜欢它了。到后来，我发现自己竟然真的喜欢上了这份工作，一旦喜欢上了自己的工作，效率就提高了。"

很快，山姆就因为积极的工作态度和超高的工作效率获得了晋升，最终成为行业中的佼佼者！

"竞争如此激烈，既然我不能垮掉，也不敢垮掉，那干脆就假装快乐吧！微笑是免费的，假装快乐不用花一分钱，但它们却能支撑我渡过许多难关……"这正是山姆的成功秘诀。

从业务能力上来说，山姆还是那个山姆，没有任何变化，但情绪的转化却让山姆对工作和生活都有了全然不同的感受，通过"假装的快乐"，山姆最后竟真的找到了工作的乐趣，最终成功获得晋升。当山姆真心热爱这份工作时，自然能够情绪饱满地全身心投入，工作效率自然也就越来越高了。如果当初他没有假装快乐，或许他这一辈子都只能做一个卸螺丝钉的基层工人。

可见，情绪不仅需要修炼，还要学会演绎，当我们无法左右我们的内心时，就试着调适我们的身体吧，通过"表演情绪"，将好情绪"诱导"出来。当然，这种表演并不等于虚伪做作，而是借助脸部或者身体表现出积极的情绪状态，进而把积极信号反馈回大脑，然后再诱发出真实的情绪感觉。

假装不只是一种快乐的哲学，更是一种科学的情绪管理方式。当你对现状无能为力时，当你对生活心存不满时，不要乱、不要慌，深吸一口气，稳定心神，微笑着告诉自己"一切都很好，是的，我能应付，我能从中找到快乐"。

- 8 -

有所期待的人生，不会黯淡无光

在希腊神话中，为了报复为人类偷取火种的普罗米修斯，宙斯创造了一个叫作潘多拉的女人，并送给她一个神秘的大盒子。在好奇心的驱使下，潘多拉不顾普罗米修斯的告诫，亲手打开了那个盒子，结果，关在盒子里的贪婪、嫉妒、痛苦、虚无，等等可怕的东西都跑了出来，遍布人间。惊慌失措的潘多拉赶紧关闭了盒子，但此时，盒子里只剩下唯一的一件东西了，那就是希望。

生活就像一块七色板，不同的颜色有着不同的寓意，有成功的喜悦、追梦的艰辛、挫折的痛苦、孤独的寂寥、拥有的幸福……它们共同构成了五彩斑斓的生活，在这种种心情的背后，都有着一个共同的基调，那就是希望。

每个人心中其实都有一个潘多拉魔盒，你可以选择紧闭盒子，锁紧希望，也可以选择打开盒子，收获美好。你选择去看的是什么，你的生活中就会充斥着什么。当然，这不是你眼睛所见，而是你心灵的筛选。若你选择对希望视而不见，只看得到被潘多拉释放出来的痛苦、贪婪、嫉妒，你的生活中就会充斥着尔虞我诈；若你选择看向盒中仅存的希望，你的生活就充满了希望。

生活离不开希望，有希望就会有期盼和寄托，就会收获幸福。双目失明的海伦·凯勒写下了散文代表作《假如给我三天光明》，用她对生活的热

/ 第七章 与不完美的自己相爱 /

爱和对光明的期盼感动了亿万心灵。即便眼前一片黑暗，但只要心中充满希望，就一定能让幸福之光照进生活。

每个人都该学会给自己希望，哪怕只是一个小小的期待和盼望，它都会让你的心境和从前大不一样。当一个人的心中有了希望、有所期待、有所追求，才会觉得人生充满意义，才会觉得生活充满幸福。希望会在你疑惑不解的时候告诉你答案，为你指引方向；希望会在你迷茫无助的时候向你伸出一只手，拉着你走出人生的困顿旅途。

刚刚到澳大利亚读书的时候，她为了减轻家里的经济负担，空闲的时候总是骑着一辆旧自行车去找工作。服务生、洗碗工、送报纸，她都做过。

某日，在给人送报纸时，她无意中看到报纸上刊登了澳大利亚某电讯公司的招聘启事。起初，她心里有很多顾虑，害怕自己的英语说得不够地道，专业也不太对口……尽管如此，经过一番思想斗争的她还是决定试一试，应聘了线路监控员的职位。一轮又一轮的面试之后，她离那个年薪三万的职位越来越近了，可这时候招聘的主管却给她出了一个"尖锐"的难题："你有车吗？你会开车吗？"

原来，这份工作需要经常外出，没有车简直寸步难行。在澳大利亚，公民普遍都拥有私家车，没有车的人非常少，这看似平常的事情，对于她这个初来乍到的留学生而言，显然是无法实现的。可为了争取那份极具诱惑力的工作，她不假思索地回答："有！会！"

招聘主管说："好。四天以后，请开着你的车来上班。"

四天时间，买一辆车，开车上班？谈何容易。可为了得到这个机会，她豁出去了。先是找朋友借了500澳元，又从旧货市场买了一辆外表丑陋但价格便宜的小汽车。第一天，她跟着朋友学习简单的驾驶技术；第二天，她在朋友的帮下，在一块大草坪上摸索练习；第三天，她半生不熟地开着车上了路；第四天，她竟然驾车去公司报了到……时至今日，她已经成了那家电讯公司的业务主管。

我们不晓得故事中的女孩专业水平如何，也不对她的做法评判对错，但她在面对棘手问题时的那份淡定，确实令人感到佩服。人这一生会遭遇很多坎坷，有的时候，只差一步就能成功，可偏偏汹涌的河流挡在了前方。有的人看着河流哀叹，生不逢时，命途多舛；有的人则抱着希望，沿河而行，总想着或许能找到渡河的船，或通行的桥。

事实上，不到最后一刻，我们永远不会知道，那条波涛汹涌的河上有没有架桥，河边有没有停泊的船，沿河而行的人是否能找到渡河的方法，可以肯定的是，但凡是在河流面前放弃了希望的人，就不会再有后续的故事了。鲁迅先生曾经说过："希望是附丽于存在的，有存在，便有希望，有希望，便是光明。"希望是激励我们前进的巨大动力。人这一生生活并不总是一帆风顺的，我们无法控制路途的平缓，却可以掌握自己的方向；我们左右不了变化无常的天气，却可以调适自己的心情。只要每天给自己一个希望，人生就不会失去色彩。

有人说，希望就像一朵娇艳的玫瑰，芬芳是淡淡的，但寓意着祝福，弥漫在我们的生活中；有人说，希望就像一本厚厚的书，在时光的推移中让我们不断地翻阅。每个人的心里都该留一份希望，是麦穗，就该有金色的梦想；是种子，就该有绿色的希望。有所期待的人生，才不会暗淡无光；守住心中的希望，才能守住幸福的生活。

给自己一个希望，它可以很小，哪怕如暗夜里的烛火。它或许没有太阳的温暖，没有月亮的高洁，没有星空的浩渺，但在狂风骤雨中，在黎明到来前，它却能给你一线光亮，给你一份坚持。每个人都抱着一个潘多拉的魔盒，希望就锁在那个盒子里。你可以选择看或不看，也可以选择要或不要，但在做出选择前，请你记住，幸福总与希望相伴。

第八章

与爱和婚姻好好在一起

爱情的最初像烟花，绚烂多姿，高潮迭起，但终将回归沉寂；爱情的成长最为乏味，激情褪色之后，便要挨过那平淡的流年；爱情的成熟最为醇厚，地久天长的陪伴，成就最长情的告白……
以温暖相依，以坚韧相守，这就是爱情最美好的模样。
不苛求最好，不目眺远方，遇见，就好好在一起。

- 1 -

你是否拥有幸福而不自知

有个年轻俊朗的画家，家境殷实，还娶了一位温柔体贴的妻子，日子过得很富足。可他却终日闷闷不乐，总觉得自己的人生比别人少了点什么。

一天夜里，他碰到一位老者。他向老者诉苦，说自己什么都有，只欠幸福。老者笑着说："我明白了。"于是，老者毁了画家俊朗的容貌，夺走了他的绘画才能，让他的家里变得一无所有，妻子也离他而去。

一个月后，老者又见到了画家。这时候，他已经饿得头晕眼花，坐在地上苦苦挣扎。老者见此情形，便把他失去的一切又还给了他。

又过了一个月，老者再次去看那位画家。他正在花园里画画，妻子在一旁看着，两人有说有笑，很是恩爱。见到老者，画家不住地道谢，因为他终于知道什么是幸福了。

人们总是在失去后才懂珍惜，坠入不幸才知道自己曾经有多么幸福，就像故事中的画家，明明已经拥有了幸福却不自知。故事终归是故事，在故事里，画家可以失而复得，但在实实在在的生活中，许多东西一旦失去，就很难再回到从前的样子了。

世间最珍贵的不是"得不到"和"已失去"，而是我们当下所拥有的最真实的幸福。很多人都不明白这个道理，总是长久地为那些得不到的东西、得不到的人而驻足慨叹，或者沉浸于那些已失去的感情中黯然心伤，殊不知，当我们为那些虚妄的东西浪费心神的同时，就已经失去了最珍贵的感情，那就是眼前的爱人。

在感情的世界里，很多人往往对自己的幸福熟视无睹，总是不满眼下的生活，总觉着少了些浪漫的情调，少了些物质上的奢华，少了些……总之觉得自己不够幸福，在平淡的日子里找不到让自己快乐的闪光点，他们的眼中装满了别人的幸福，心灵也因嫉妒而蒙上了一层灰尘。

她本以为婚姻生活就是自己预想的二人世界，只有两个人的相互依偎。可真的走进了"围城"，一件一件要考虑的事忽然一下子摆在眼前——车子、房子、工作、赡养老人、各种保险的开销，她突然觉得恐慌，甚至有时会烦躁地与丈夫吵闹。

或许，一切问题的根源都是钱。她本不是那种特别看重金钱的女人，总觉着日子美满就行了。可结婚后，她不得不去考虑家庭，考虑未来，考虑沉重的经济压力。于是，当别人炫耀自己的老公升职，谈论谁家又换了新房，谁谁谁又开了公司的时候，她变得不再那么淡定了。时间一长，她难免会对丈夫心生不满，抱怨他在单位里默默无闻，没有浪漫，抱怨生活没意思，开销那么大，活得太辛苦。

丈夫起初还觉得有点"亏欠"她，没能给她更好的生活，渐渐地，在她不断的抱怨中，丈夫对此也感到烦躁。两个人投机的话越来越少，口角却不断增多。丈夫说她变了，变得世俗和势力。面对丈夫的指责，她更是一肚子怨火。终于有一天，两人争吵过后，她摔门离去。

那一天，外面正下着小雨，她一个人在街上游荡，看着细雨中你侬我侬的情侣，心中有种难言的痛楚。她躲在一家商店的屋檐下，看着雨中的车水马龙。一对小情侣站在她旁边相互依偎着，男孩把身上的衣服披在女孩身上，两人共同打着一把破旧的伞，女孩一脸幸福。他们在这个城市里并不起眼，甚至看起来有些"落魄"，可他们脸上的笑却美好得让人心动。

她想到多年前，自己也曾和丈夫有过如此温馨的画面，她也曾坐在他

/ 第八章　与爱和婚姻好好在一起 /

自行车的后座上幸福地笑。那时候的生活还不如现在，两人租住在一间屋子里，赚的钱刚刚够维持生活，可那时，他们的两颗心贴得那么紧。可如今生活明明好了，为什么反而不知道满足了呢？

雨停了，商店里传出周华健的那首《一起吃苦的幸福》："我们越来越爱回忆了，是不是因为不敢期待未来呢，你说世界好像天天在倾塌着，只能弯腰低头把梦越做越小了……就算有些事烦恼无助，至少我们有一起吃苦的幸福，每一次当爱走到绝路，往事一幕幕会将我们搂住。"她掉头去了菜市场，买了很多丈夫喜欢吃的菜。

回到家后，她在厨房里忙活，丈夫安静地坐在沙发上，两人之间仿佛什么事也没发生。当她做好了一桌子菜，温柔地叫丈夫吃饭时，还没等她说什么，丈夫就率先开了口："对不起，都是我不好，我不该怪你。"

她愣了一下，眼泪一下子就掉了下来。不管自己做错了什么，都有一个人如此包容着自己，不曾放开自己的手，这难道不是最珍贵、最值得感恩的幸福吗？她轻轻依偎在丈夫怀里，第一次发现，原来自己早已经拥有了最完美的幸福。

有个相爱的人，有个温馨的家，这不就是世间最美的爱情，最珍贵的幸福吗？幸福其实就在每个人身边，在那触手可及的地方。但人们却总以为，幸福就像诗和远方，浪漫而虚幻，总要跋山涉水去追寻。其实，生活最真实的面貌就是平淡，幸福最本质的特点就是踏实。

身处世俗闹市，免不了受到周围环境的影响。很多时候，不知不觉中就会去追寻别人的幸福，羡慕别人的故事，往往到最后才发现，自己拥有得再多，也比不上原本平淡无奇的生活来得实在。让内心淡定一点吧，安心地守着自己的幸福，不用看别人，别人的幸福终究与你无关。你现在拥有的就是最好的，因为它们是你伸手就能触摸到的真实。

- 2 -

爱情要落在实实在在的生活中

有人说，人生是5%的刺激、5%的痛，再加上90%的平淡。我们为了5%的刺激而忍受5%的痛，然后用90%的平淡来度过。三毛也曾说过，爱情如果不落实在穿衣、吃饭、数钱、睡觉这些实实在在的生活中去，是不容易天长地久的。平淡才是爱情最真实的样子。

安然和董楠已经结婚八年了，有一个五岁的孩子。安然曾以为，会这样一直和董楠走下去。直到那天，董楠将一纸离婚协议摆在她的面前。

董楠喜欢上了另一个女孩，可笑的是，最后知道这个消息的，竟然是安然——这个枕边人。董楠说会把一切都留给安然和孩子，房子、车子、存款，他净身出户。

安然最终答应离婚了，他们决定一起吃最后的一顿晚餐，为这段婚姻画下一个和平的句号。

餐桌上，或许是因为酒精的作用，在安然的询问下，董楠开始说起了他在外头的那个女孩："她很单纯，也很热烈，一点儿小事都能感到满足。送她一块20元的电子表她就能开心很久；带她去吃顿饺子她也能欣喜不已；给她买一个掉渣儿饼她甚至也能感动很久……跟她在一起，我很放松，我可以抽烟抽得满屋子里一股烟味，我可以随处把袜子乱丢，我也可以玩通宵麻将，跟朋友拼酒……和她在一起，我总能感觉心跳加速，无论做什么

/ 第八章 与爱和婚姻好好在一起 /

事情都充满了力量……"

看着董楠眼中的温柔与沉醉,安然突然哭了,哭着哭着却又笑了。是啊,她和那个女孩完全不同,她像所有的黄脸婆一样,精打细算着每一分钱,她不许董楠抽烟,不让他喝酒,更反对他沉迷于打麻将……

"太好了,从此以后,我终于不用再做你的黄脸婆了!"安然打断董楠,突然说道,"我终于可以节省下给你熨衣服的时间来打扮自己;终于可以不用再绞尽脑汁地想着给你做什么菜;终于不用再担心你抽烟喝酒伤身体,帮你整理吐得一塌糊涂的床单;终于可以不用再操心你的亲戚谁家娶媳妇、谁家摆满月酒;终于可以不用再记着每月给你爸妈寄生活费……能离婚真的是太好了!"

安然顿了顿,继续说道:"单纯?热烈?难道我没有过吗?你送的一枚书签、一只几块钱的铜戒指,都曾被我视若珍宝……心跳加速。我倒是想看看,你的心这回能为她加速跳动多少年……我祝福你!祝福你们走进婚姻之后,还能继续充满激情……我也曾那么热烈地爱着你,可是有什么办法呢?我是你的妻子,除了你,我还得去爱你的父母,爱我的父母,爱我们的孩子……我得照顾家庭,得处理亲戚关系,得考虑日常的琐琐碎碎……"

安然一直絮絮叨叨地说了很久,直到后来说累了、哭累了、睡着了……董楠则一晚都没有睡,回忆起和妻子当年的美好时光,他决定撕了那张已经签好字的离婚协议,他改变了主意,决定再也不提离婚了。

其实,最好的爱,是经得起平淡的流年。两个相爱的人结婚相守,要一起经历大大小小的艰难险阻,可是除了那些,一起经历得最多的,还是一天一天平淡的日子。若问什么是幸福,一生一世一双人,他能给你快乐和安心,你能给他他想要的理解与信任,你们能够在激情退却之后也依然携手白头,这就是爱情最美的样子。

轰轰烈烈的爱情固然异彩纷呈,却容易因激情的退却而冲淡,唯有平平淡淡的相依相守,才能铸就永恒的天长地久。不管多么刻骨铭心的爱情,在激情褪去之后,终究会回到平淡的样子。在激情冷却之初,或许夜里睡觉的时候大家都会想、都会怀疑,莫非我这辈子就和这个人在一起了?这是爱情沉淀的必经阶段,这种怀疑和随之而来的思考对爱情的延续有着重要意义。思考过后,双方往往能够坚定自己的认识,此时的爱情,才称得上一份成熟的、对双方负责的爱情。

婚姻生活就像两个人一起吃火锅,双方都在不断向里面加各种食材和调料,有的火锅到最后,汤越来越鲜美,因为两个人往里面加的都是正面的东西。可是有的火锅到最后却完全不能吃了,因为加进去的更多的是负面的东西,爱情能否保质,在于两人往里面添加了什么。

世界上的爱情有很多种,但不管是怎样的爱,最终剩下的也都是周而复始的平淡,只有能经得起平淡的爱情,才是真正伟大而深刻的爱情。

当你看到相互搀扶的一对老人在夕阳下漫步,一定能嗅到一种幸福的味道。其实,真正的幸福就是这样,平平淡淡的,相互依偎着,没有太多的言语,可他们脸上洋溢的微笑却是那样的幸福。

是的,两人的相守,也许没有惊天动地,亦没有如泣如诉,多数时候只是一起慢慢变老。慢慢变老,看似波澜不惊、了无情趣,其实却是青丝白发里最浪漫的事,是寂寞岁月中的相依相伴,是回首时不温不火的慢慢倾诉。

幸福其实真的很简单,一个温暖的家、一个爱你的人、一个平凡的目标、一个安稳的人生。平淡的相依相守就是人生最圆满的爱情。

- 3 -

深爱的人不在远方，就在眼前

《包法利夫人》是法国著名小说家福楼拜的成名之作，这部著作描写了一位小资产阶级妇女因为不满足平庸的生活，沉浸在书中美好而又浪漫的世界里而逐渐堕落，最后走向毁灭的过程。每一个走进婚姻或者即将走进婚姻的人都应将这本著作拜读一番，相信必能获益匪浅。

小说主人公爱玛十三岁进了修道院附设的寄宿女校念书。她在那里接受着贵族式的教育，并在浪漫主义小说的熏陶下成长，成天沉浸在罗曼蒂克的幻想中。

后来，爱玛嫁给了乡村医生查理·包法利，起初，天真无知的她以为自己终于得到了那种不可思议的爱情。然而，婚后，她却发觉查理是个平凡而又庸俗的人。失望之余的爱玛失去了生活的激情，整天郁郁寡欢。一次，徐赦特的地主罗道耳弗·布朗皆来找包法利医生替其马夫放血。这是个风月场中的老手。他见爱玛生得标致，初见面便有了勾引她的坏心思。

在罗道耳弗的追求下，爱玛经不住诱惑，最终委身于他，做了他的情妇。他们瞒着包法利医生常在一起幽会。这种偷偷摸摸充满刺激的激情让爱玛沉浸其中不可自拔，渐渐发展到了狂热的程度，她以为自己终于找到了自己梦寐以求的爱情，她甚至要求罗道耳弗把她带走，一同私奔。

然而，罗道耳弗根本就是个口是心非的伪君子。他抱着玩弄女性、逢场作戏的丑恶思想，欺骗了爱玛的感情。他答应和她一同出逃，可是出逃那天，却托人送给爱玛一封信。信中说，逃走对他们两人都不合适，爱玛终有一天会后悔的。他不愿成为她后悔的原因；再说人世冷酷，逃到哪儿都不免受到侮辱，因此，他要和她的爱情永别了。爱玛看完信后气得发晕。傍晚，她看到罗道耳弗坐着马车急驶过永镇，去卢昂找他的新情妇——一个女戏子去了。爱玛当即晕倒在地。此后，便生了一场大病。

在此之前，为了追求浪漫和优雅的生活，爱玛一直从时装商人勒乐那里赊购各种昂贵的物品，以满足自己的虚荣心，结果欠款越积越多，数额之大，以致连勒乐也害怕起来，不敢再赊购东西给她，并多次向她索要赊购的欠款，在爱玛一次次的拖延下，勒乐遂将其告上了法庭。

爱玛无奈去向勒乐求情，要他再宽限几天，但他翻脸不认人，不肯变通。爱玛又去向律师居由曼借钱，可是这老鬼却乘人之危，想占爱玛便宜。爱玛一气之下逃走了。最后，她想到徐赦特去找罗道耳弗帮忙，可没想到罗道耳弗竟断然拒绝了她。爱玛受尽凌辱，对生活感到了绝望。

回到家，爱玛吞吃了砒霜，决定结束自己这荒唐的一生。在爱玛死前，最后陪伴在她身边的，却是她那木讷的丈夫包法利医生，医生跪在她的床边，她把手放在他的头发里面，心中竟涌起了一种甜蜜的感觉。但一切都已经无法挽回了，带着悔恨，爱玛最后看了孩子一眼，痛苦地离开了这个世界。

爱玛的悲剧就在于她不知道文学的世界和现实的世界是两个价值体系。因为文学表现的是美，是戏剧的冲突，追求的是极端的力量，而现实生活奉为核心的价值观却是平安和稳妥。与文学世界的爱情相比，我们身边的爱情确实不够出彩，不够轰轰烈烈，但这才是爱情最本质、最真实的样子啊！

可悲的是，在现实生活中，像爱玛这样的人很多。他们总把爱情想象得很精彩，总以为恋爱就应该像偶像剧那样，充斥着鲜花和玫瑰，历经着生离和死别。他们总盯着那些虚无的镜花水月，却挑剔着身旁实实在在的温暖陪伴。

爱情的确很美，但它的美是一种润物细无声的美，如同平缓的月光，脉脉地萦绕在心头。爱情如茶，清冽之中透着芬芳。很多人其实都不懂爱情，他们总以为爱情是热烈的酒，是绚烂的烟花，喜欢追求着想象中的激情，总盼着来一场高潮迭起的爱情游戏。但酒醉总有醒的时候，烟花的绚烂只在瞬间，游戏也终究会落下帷幕，而那些真正的爱情，在经历岁月洗礼之后，往往回归平平淡淡的陪伴。

有人说，人只有在失去的时候才会明白一个东西究竟对他有多重要。确实，当我们拥有爱情的时候，可能觉得也不过如此，根本没有意识去体会彼此间的爱意。正如德国哲学家叔本华所说："有一种人总忽视现在，而却寄望未来；他们以为现在不是时候，未来才更好，于是总在等待中错过了最精彩的现在。其实，这种做法简直和我在意大利看到的笨驴没什么两样。"

人世间，很多事情是不会给我们重新选择的机会的。就如爱玛，在生命最后的那一刻，她终于发现，原来生命中最美好的东西正是她曾不屑一顾的、狠心丢弃的丈夫和孩子。可那又有什么用呢？她早已经没有机会挽回，早已经没有希望回头了。

生活就是这样，常常后知后觉，总要到失去后才恍然大悟，原来他（她）对自己是多么的重要。人一生当中，我们也许会遇到不止一个爱我们和我们所爱之人，但并不是每一个爱人都会一直守在我们身边，也并不是每一段恋情都有重来的机会。当我们意识到应该珍惜的时候，幸福可能已经悄悄溜走，留下的只是缕缕的无奈和肆无忌惮的泪水。

既然前人已经尝到过错失当下的痛苦，那我们又何必还要凭吊着前者的幻影，而不去感受现在的幸福呢？也许，当我们义无反顾地追求前者时，后者又将成为我们梦里的相思。所以说，不要把所有称心如意的希望都放在未来，当下拥有的才是无价，珍惜眼前的爱人，才能及时品味到挚爱的价值。

相爱时要真诚，愉快时懂分享，争执时需沟通，生气时须冷静，指责时要体谅，结婚时需包容。漫漫一生，擦肩而过的又岂止千千万，有几人是知音？又有几人是深爱着自己的人？不要为那些远在天边的梦再蹉跎岁月了，与其众里寻他千百度，不如疼惜眼前真爱人。

- 4 -

不缠绕、不牵绊、不占有地在一起

微博上有这样一段话：如果你问一百个女人，最让她感动的三个字是什么？多数女人的答案都不是"我爱你"，而是"在一起"。

女人对爱情往往比男人更重视，女人的感情也往往要比男人绵长得多。"山无棱，天地合"，这几乎是所有女人对爱情和婚姻最美丽的憧憬。可是，在带着美好的憧憬走进婚姻围城之际，其实很多人都不知道，在这围城之中，等待着他们的，不是天长地久和海誓山盟，而是对爱情最艰难的考验——平淡流年。

很多人都说，爱情最美的时候就是刚刚萌生的时候，那时候的爱情犹如雾里看花，若有似无地撩拨着你的神经，对方一句话、一个眼神就可能让你辗转反侧。爱情最乏味的时候，则正是它已经走进婚姻，开始成熟的时候，这时候的浪漫爱情被落实到了柴米油盐中，一切都变得那么现实、那么没有悬念，往日的缠绵悱恻和朝朝暮暮的情怀，似乎也渐渐消退了。当初那怦然心动的感觉，也开始变淡；拉着她的手，就像拉自己的手一样；曾经的约会，成了简单的一起出行……

确实，真实的生活就是平淡无奇的，不可能每天都有玫瑰和烛光晚餐，也不可能每天都有甜言蜜语和小惊喜。可仔细想想，这种平淡其实才是爱情最终的样子。只不过，睿智的人往往懂得用智慧经营婚姻，在平淡中创造温馨，聪明地守护好那份爱，让它不褪色，不走样。

转眼间，七年的时光，行云流水过去了。夫妻二人每天重复着同样的生活，不同的只是那颗越来越焦躁的心。

一天，女人对男人说："我要出差一周，事情会比较多，这期间不要给我打电话，完事了我自然就回来了。"嘱咐过后，女人独自带着行李箱走了。

期间，男人因为一些琐事给女人打过电话，关机，给女人的公司打电话询问，却被告知请假一周。

男人心里突然感到不安，他发疯一样地到处寻找，给她的朋友打电话。最后，终于在一家宾馆里找到正喝着红酒，听着慢摇音乐，穿着睡衣随着音乐扭动着的女人……看到她这个样子，他惊呆了。看到他突然出现在自己面前，女人也惊呆了。

他有些失控，疯了似的奔向女人，抓起她的手腕，然后又开始四处搜寻，想要找到一个自己想象中存在的那么一个男人，很可惜，什么也没找到。

他质问她："你这样躲躲藏藏，到底想隐藏什么？"

女人淡淡地说："藏我自己，偶尔……"

"为什么要藏自己，难道你想逃离我们的爱？"

"我想守住我们的爱。所以，我带它出来透透气，吹吹风，为它保鲜。"

爱情最怕没有"变数"，这种"变数"指的不是"不坚定"，而是生活中一些无伤大雅的小插曲。当往日的激情化为平淡的生活后，我们要做的，是学会享受平淡，并在平淡之中幻化美好。就像故事中的主人公，偶尔给爱透透气，为爱保鲜。

记得有位哲人曾说："爱情就像手中的沙子，握得越紧，流失得越快；当你微微松开手，给它点缝隙，反倒留住了沙。"在爱情平淡期里，最好的保鲜方式就是放松，哪怕再爱，也要给彼此留出一点呼吸的空间，不要做缠藤树，爱不是占有，而是给彼此自由。

你大概也听过两只刺猬的故事。天气寒冷的时候，刺猬为了取暖，拼命地往一起靠，可它们靠近时身上的毛尖又会刺痛对方，于是，它们又分开，分开后因为冷又重新聚在一起，刺痛了再分开。反复试了几次之后，它们终于找到了彼此间最佳的距离，既能够温暖自己和对方，又不致互相伤害。想想爱情和婚姻，不也是这个道理吗？找到那个合适的距离，最恰当的距离，才能让爱恒温。

快到下班的时间了。他的手机震了起来。

电话那头传来女人柔柔软软的声音："老公，今天你单位忙吗？要是没什么事的话你去接孩子吧。晚饭随便弄点。等你做得差不多了，我也就到家啦。"

这是一个朋友眼中幸福的小女人，丈夫对她呵护备至、体贴有加，把她像宝一样捧在手心里，家中大小家务几乎全部包揽。

"又要和朋友去逛街吗？你就不能主动回家做次饭？"

听这语气，显然是丈夫今天的心情不好。女人也没多问，转而娇滴滴地说："好吧，今天就让我表现表现！你出去散散心，别惦记家里，晚上开车注意安全……"

果然，丈夫没有准时回来做饭、吃饭。饭桌上，孩子问妈妈，爸爸怎么没有回来吃饭，女人说："爸爸想失踪一会儿。"

孩子眨着两只大眼睛，不解地看着妈妈。女人刮了一下儿子的小鼻头，笑着说："乖宝贝，不用担心爸爸，他只是出去放放风，就像捉迷藏一样。我们不用找他，时间到了，他自然就回来了。"

午夜时分，钥匙开门的声音。男人不声不响地进了厨房，把女人搞不定的一大摊子锅碗瓢盆和半成品收拾了一遍。

不知何时，两只柔软的手从后面抱住了他的腰。女人贴在丈夫的后背上，轻轻地说："我就想着你回来一检查，肯定不合格……"那语气，俨然是一个犯了错的孩子。男人顿时笑了，转过身一手把女人抱在怀里："亲爱的，你辛苦了，还有……谢谢你理解我。"

心理学家说过，盯着一件东西看久了，就会觉得看到的东西不是印象中的样子，从而产生陌生感。当然，东西本身没什么变化，只是人产生了错觉。爱情也一样，有时太熟悉了反而就经不起琢磨，在一起久了，偶尔制造点小距离，给自己、给对方一点自由的空间，用以往没有尝试过的方式去沟通，反倒能带来一些意外的收获。当然，这种距离不一定是物理上的，更重要的是心理上的，给彼此一个独立的空间。

因为爱，所以在一起；在一起，却不等于非要如影随形。爱是彼此的城堡，每个人都需要呼吸的空间。平淡的流年里，学会不缠绕、不牵绊、不占有，偶尔把心窗打开，让自己的爱、让对方的爱，出去透透气，如此，爱才能变得更加鲜活，你无须惧怕失去而拼命抓住不放，真正的爱必定不会随风而去。

- 5 -

爱情没有比较

一首《爱情不能作比较》，唱出了多少人的心酸："他很好，他多好 / 这些我并不需要知道 / 再难忘掉，多狂烈的拥抱 / 这回忆他也给不到 / 他多好，和我不同的好 / 最后是谁不重要 / 因为我知道，爱情不能作比较 / 就算是今天换一个人依靠/明天谁又比谁好/爱看不到，听不到，怎能作比较……"

的确，爱情里没有比较。爱情是种很玄妙的东西，它不像金钱那样可以用数字计算，它也没有任何可以衡量的指标，我们很难为一段爱情估算价值。如果非要在爱情中作个比较，那将对爱情造成致命的伤害，因为我们往往可能会在比较中忽略身边的好，而去羡慕自己不曾拥有的虚无，进而产生不满足的心理，对爱情进行诸多挑剔。所以，爱情根本不需要也不能比较，一份适合自己并令双方满意的爱情，对任何一个人来说就是最好最完美的。爱与被爱都是一种幸福，既然选择了牵手，就不要随便说放手。爱情的主角应该是你和他（她）两个人，只要彼此觉得适合，哪怕全世界都反对那也是最好的。

别人的爱情与我们无关。即使被很多人追捧的人，也未必适合你；即使是大家都不看好的那一个，也有可能是你的真命天子。答案取决于你的感受，而非他人。

也请记住，不要把现在"你们"的爱情和过去"他们"的爱情相比较，过去的已经过去，别将回忆逼成束缚，捆绑住当下的"你们"。恋爱就像鞋子和脚的关系，当下的舒适才是第一位。

有一对情侣相互之间很甜蜜。

女孩总喜欢问自己的男友"是我好，还是你以前的女友好？"或者是"是我漂亮，还是你以前的女朋友漂亮？"每次，男友都会被这样的问题弄得既尴尬又扫兴。

一次，女孩无意中得知男友的银行卡密码竟然还是他前任女朋友的生日，女孩大发雷霆，觉得男友还爱着以前的女孩，很伤心地向男友提出分手。

这一次，男友显然也很生气，但他还是耐心而认真地对女孩说："现在的我们感情这么好，为什么非要总把以前的事情扯到眼前，让我们两个人起争执呢？我爱的是现在的你，不是过去的她。不要再去比较了，那是没有意义的！"

/ 第八章 与爱和婚姻好好在一起 /

女孩被男友的话所触动,认识反思了自己的任性。是啊,如果过去是一道伤疤的话,那么总去碰触它,将它一遍遍揭开,除了让伤痕越来越深之外,并没有任何好处啊。既然他现在选择的是和自己在一起,又何必在意他过去曾经属于过谁呢。

我们应该认识到,恋爱关系和婚姻关系的正常解体并不是什么丢人的事,天下无不散之筵席,分手与被分手不过就是人与人之间关系的正常演变,为什么不能以积极的心态去看待这些呢?过去不过就是人生的一段经历,当下才是生命中最真实的样子。

任何一段真诚的爱情都是值得尊重的,何必让已经过去的回忆影响到今天的美好,何必因为过去的虚无而错失现在的幸福?对爱人的宽容,也是对感情的宽容,更是对自己的宽容。不要在比较中丢失了现在的拥有。

对于曾经拥有过的爱情,请将它埋藏在心里的某一个角落。当新的爱情来临时,我们都应满怀欣喜和勇气地去迎接它,不要总把尘封已久的上一段感情经历与当下作比较,因为爱情不是用来作比较的。你爱他时,一切都是完美;你不爱他时,一切都是错误。

芳高挑而曼妙,婚后几年依然美丽。她的婚姻似乎和她的相貌一样完美,丈夫几乎让她享尽世间所有的甜蜜——除了他们的物质条件和丈夫的相貌:他们并没有宽敞的房子,丈夫的个子甚至还没有芳高。

生活在平淡中一天天度过。平淡久了,终究也产生了些许厌烦。当厌烦到快要麻木的时候,芳遇见了另一个和丈夫截然不同的男人,那个男人似乎让她看到了一个全新的世界:俊朗的外貌、挺拔的身姿——关键是,他在市区有好几套房子:地段好,面积大。

芳决意离婚。

丈夫却久久无语。

在漫长的沉默中,芳拿出小剪刀开始修剪指甲。可是小剪刀有点儿钝了,不大好用。

"你把抽屉那把新剪刀递给我一下。"芳说。

丈夫把剪刀默默递到她面前,芳忽然注意到,丈夫递给她剪刀的时候,剪刀柄的方向朝向她,剪刀尖朝着他自己。

"你怎么这么递剪刀呢?"她有点儿奇怪。

"我一直都是这么给你递剪刀的。"丈夫说:"这样万一有什么意外,也不会伤到你。"

"是吗?"她毫不在意地反问了一句,心里却忍不住轻轻一动:"我从来没注意过。"

"那是因为这太平常了。"丈夫静静地说:"我从没有说过,因为我觉得这没有必要说——其实我对你的爱也是如此。从我爱上你的那一天起,我就告诉自己,要把最大的空间给你,要把最大的自由给你,把最好的一切给你。就像刚才递剪刀时把刀柄给你一样,把爱情的生杀大权给你,让你不会受到伤害——最起码不会从我这里受到伤害。也许我给不了你那么大的房子,也无法让你和我站在一起时获得别人羡慕的眼光,可这就是我对你的爱。"

听着丈夫这一句句的心里话,芳的泪水汹涌而出,紧紧地抱住了丈夫……

你可以比较出两个人的高矮、胖瘦,甚至财产的多少,相貌的美丑。如果将这两个人放到爱情里,你却无论如何也无从比较出,究竟谁才是最完美的爱人。在人的一生中,你会遇到各种各样的人,会拥有各种各样不同的感情经历。你最难忘怀的那段感情里的对象未必是你遇到的人中最优秀的、最令你感到舒适的爱情,也未必是最刻骨铭心的。

爱情是无从比较的,它是一种感觉,一种说不清道不明的荷尔蒙冲动,一种需要在相偎相依中品味的感动。有道是:山外青山楼外楼,比来比去何日休?好只是相对的,成就幸福最简单的方法就是:怀着一颗知足的心,守护好当下已经拥有的。

- 6 -

婚姻中的"难得糊涂"

2006年情人节的那一天,美国有线电视网隆重介绍了一对夫妇。他们是102岁的丈夫兰迪斯和101岁的妻子格温。在离婚率居高不下的美国,他们创造了一项纪录——幸福的婚姻生活居然维持了整整78年。他们有何爱情秘籍呢?"对爱人不要有过多的挑剔,该闭一只眼的时候,就闭上,瞧,78年就这样过来了!"两位步履蹒跚的老人互相搀扶着这样诠释道。

很多已婚人士在谈到自己的另一半时,常常会后悔自己当初没有擦亮眼睛,过早地踏入了婚姻。其实,怀抱着这种想法的人,即使让他们有机会回到过去,他们依旧还是会"糊里糊涂"地选择这个人。爱情是盲目的,在面对爱情的时候,人们总是容易大脑短路,情不自禁地陷入无边无际的浪漫想象。事实上,等步入婚姻之后,他们才会发现,原来围城里的爱情并不那么美好,少了那些甜蜜,却多了琐碎的家务,浪漫幻想随之破碎,无尽的反思和后悔涌上心头。

生活中这样的人并不少见,因此我们常常会听到很多恋爱过或结过婚的"过来人"这样告诫我们:婚前要睁大眼,婚后要"睁一只眼闭一只眼",有些话听见了装作没听见,看见了装作没看见,只有这样,才能减少分歧,让婚姻生活美好如初。

杨俊和赵蕊是通过相亲认识而匆匆走进婚姻的一对夫妻，杨俊在政府当公务员，赵蕊在私企上班。杨俊平时喜欢一个人安静地读书写字，但赵蕊却喜欢一群人热热闹闹地玩乐，结婚后赵蕊总是没事的时候就拉着杨俊去舞厅。

刚开始，迫于夫妻之间的情分，杨俊还陪着赵蕊去了几次舞厅，可是后来他再也无法忍受了。一天在舞厅里，杨俊终于怀着厌烦的情绪对赵蕊说："不要再到这地方来了。"赵蕊一愣，大声反驳道："如果我不让你看书和写作，你会同意吗？"

杨俊顿时哑然，愣愣地坐在沙发上，但他仍然觉得妻子的理由不对：因为读书写字可以陶冶人的情操；而灯光昏暗的舞厅，各种各样的闲人在那里疯狂地跳舞，简直是虚度年华。

于是，杨俊非常生气地从卧室搬到了书房，每日和妻子"横眉冷对"，赵蕊也不甘示弱呀，她开始了一系列的罢工，比如不给杨俊洗衣服，不再做饭，孩子每人轮流带一天。总之，他们彼此谁也不肯让步，好端端的一个家就这样被分成了两个阵营。

持续不断的争执和斗气让这个"家"已经名存实亡，心灰意冷的赵蕊在认真思考后提出了离婚。杨俊开始时不同意，并试图以孩子为借口来留住妻子，但赵蕊去意已决，她已经不愿意再和杨俊纠缠了。杨俊看她态度这么坚决，不得不同意离婚，一个原本很温馨的家庭就这样解散了。

人生很短暂，其实很多事情不一定非等经历过以后才能看透。如果杨俊夫妻能够早一点看透生活以及婚姻的实质，每人肯做出一点让步的话，何至于会闹到离婚的地步。

"睁一只眼，闭一只眼"不是盲目的忍让，更不是破罐子破摔，而是在情感最脆弱的时候懂得"退一步"，在发生冲突和争执时给予彼此谅解和宽容。

这个世界上没有完美的人，不管是男人还是女人都有各自的优点和不足之处，当激情在平淡的婚姻里渐渐消逝后，只有宽容的心才能支撑爱情

/ 第八章 与爱和婚姻好好在一起 /

的延续。那些无关紧要的事和无关紧要的话语,"睁一只眼,闭一只眼"也就过去了,何必斤斤计较呢,有时候,生活的真谛就是"难得糊涂"。

张峰和胡霞已经结婚好几年了,两人分别经营着两家店,生意都做得还不错。平时张峰和胡霞感情也挺好,但张峰有一个问题却是胡霞最不能忍受的,那就是张峰经常喜欢跟朋友出去喝酒,且每饮必醉。每次胡霞看到喝醉酒的丈夫跌跌撞撞地回到家里时,都会破口大骂。

一次,胡霞出去谈生意,丈夫答应在家做饭。可是当她晚上回来后却发现,家里还是冷锅冷灶,丈夫根本就不在家。一打电话才知道,有一位朋友约他出去喝酒了。

胡霞非常生气,狠狠地挂上了电话。夜里11点多,又大醉醺醺地回来了。饿着肚子的胡霞冷着脸说:"你还回来做什么?喝死算了!"丈夫听到这话也生气了,顺势推了她一把。这一推让胡霞愤怒至极,她立刻扑向丈夫,两个人扭打在了一起……

这件事过后,两个人决定离婚。在朋友的劝解下,这场"战争"暂时得到了化解,可硝烟仍旧弥漫在他们的生活中。一次偶然的机会,胡霞认识了一位婚恋专家,并对他讲述了自己的婚姻状况,专家对她说道:"如果你想挽救你的婚姻,办法只有一个,那就是宽容你的丈夫,学会'睁一只眼,闭一只眼'。睁一只眼就是多看他的优点,闭一只眼就是忽略他的缺点,做个糊涂的明白女人。"

胡霞听了专家的话后若有所思,此后她开始尝试着去包容和理解丈夫,感受到胡霞的变化,丈夫自己也开始反省,并慢慢戒掉了酗酒的毛病。两人的感情变得越来越好了。

"睁一只眼,闭一只眼"不是让你懦弱和屈服,而是告诫我们,在婚姻中要有一点"糊涂做人"的精神。当然,糊涂做人是假糊涂,要做到该糊涂时糊涂,不该糊涂时绝不糊涂。现实生活中很多人就是因为太自以为是,才犯了该糊涂时不糊涂的错误，非要将许多事情抽丝剥茧，弄得清清楚楚，但是清清楚楚又能怎样呢？既不能挽救你的婚姻，也无法解决你的烦恼，甚至只会伤害彼此间仅存的情分，倒不如"难得糊涂"啊！

- 7 -

别用互相伤害来磨合婚姻

电影中有一句台词印象深刻："婚姻怎么选都是错，长久的婚姻，是将错就错。"

的确，任何事情都不可能是完美的，婚姻也一样，再美满的婚姻背后，也总会有这样或那样的不如意，所以说，婚姻怎么选都是"错"。长久的婚姻，就是两个人在一起互相磨合，互相适应的过程，在这个过程中，双方都必须懂得让步，割舍掉一些不适合两人在一起生活的习惯、行为等，这个互相融合的过程便可以理解为"将错就错"。

当婚姻走过激情期之后，唯有谅解和包容才能让幸福恒久绵长；记着对方的好，包容对方的不足，如此才能在夕阳下执子之手，与子偕老。

累了一天的她回到家想喝口水，却发现暖壶里是干的。她坐在沙发上，刚想躺下歇会儿，却看见他的袜子扔在那里。尽管她说了无数次脏衣服要扔进脏衣篓里，可他仍然记不住。看着凌乱的房间，肮脏的地板，她心里有一种说不出的烦躁和厌恶。

第八章　与爱和婚姻好好在一起

做晚饭的时候，她心不在焉。一不小心，还把手烫了个水泡。她索性关了火，把做了一半的饭菜丢在厨房。她在卫生间里用冷水冲了冲红肿的手，抬头却看见镜中的自己满脸憔悴。她觉得生活像一潭死水，难怪人们都说婚姻是爱情的坟墓，想来真是如此。

晚上八点半，他加班回来。她关着灯，一个人坐在黑暗中，着实把他吓了一跳。

"你怎么了？坐在那干什么？怎么今天也没做饭呀？我吃点什么……"他放下包，往厨房走去。

"为什么要做饭？这样的日子我受够了！咱们离婚吧。"她面无表情地说。

"什么？我听不见，我正煎鸡蛋呢！"他忙着煎蛋，滋滋的声响混着抽油烟机的风声，他没听清。

她又重复了一遍，这一回，他明白了她的意愿。

"过得好好的，为什么要离婚呢？"

她冷笑着说："你觉得好，可是我觉得不好，很不好！我再不想这样过下去了。"

第二天，她把离婚协议书拿到他面前："签字吧！我们结婚这几年，我觉得很不开心，或许，分开生活对我们俩都好。"

一周后，他打电话给她，告诉她自己同意离婚，只是，想再约她吃一顿饭。电话里，他的声音很低沉，能听出些许无奈和伤感。她以为自己会如释重负，可心里却反而涌上一股酸楚："他真的同意离婚了，为什么我高兴不起来呢？"她真的不明白。

下班后，她去了公司附近的一家餐馆，那是他们过去常去的地方。几天不见，他消瘦了很多，眼神也变得忧郁了。他拿出了那份离婚协议书，交给她。见此情景，她的眼泪开始在眼眶里打转，她想，从今往后，真的就要和这个男人成为陌路人了吗？

"既然来了，就先吃点饭吧！"他的语气突然变得柔和许多，眼神里似乎又有了恋爱时的温柔。

她叫来服务员，说："一份水煮鱼，一份香辣虾。"这两样菜，都是她平日里最爱吃的。

他沉默了片刻，笑着对她说："能不能为我点一份我爱吃的？这可是我们最后的晚餐了……"

她脑子一片空白，竟然想不起要给他点什么，她说："你不爱吃这个吗？"

"你忘了，我是上海人，我喜欢吃甜的。其实，我们在一起这么多年，我一直吃的都是自己不太喜欢吃的东西。"他笑着说。

她的心不平静了，愧疚和自责顿时涌上心头。这么多年，自己竟从未主动问过他喜欢什么，等到离婚的时候才知道他的喜好。

他说："离婚后，家里所有的东西都归你，我只带走我的衣服。"

在真的要告别的时刻，她再也控制不住自己的情绪，脸上挂着眼泪问："你要去哪儿呀？"她只想着自己离婚后要怎么过，却从来没想过离婚后的他该怎么过。

"我想回上海。我的父母岁数也大了，身边没人照顾，每次到你父母家与他们团聚的时候，我其实都很想我的父母。但你喜欢这个城市，所以我留在了这里。你以后一个人过，肯定很辛苦，所以我把这里的一切都留给你。以后照顾好自己。"他不像是一个要离婚的男人，反倒更像是一位要远行的丈夫。

她心里很感动，又很自责，其实她知道自己的心里有太多的不舍。这个与她走过数年春秋的男人，在离婚的时候还在为她着想，这么多年来他一直忍受着种种不愉快和不适应，都是为了自己。她哭着说："这些，你为什么不早点告诉我？"

"我很少说自己的感受，因为我爱你，我希望你过得快乐，也愿意为你忍受这些事，不想让我们总是因为这些小事争吵，更不想让你烦心。"

"你……可以不走吗？"她带着乞求的眼神问。

最后，他们牵着手从餐厅里走了出来，回家的路上，她想到那个有点脏、有点乱的家，竟没有丝毫的厌烦，有的只是满满的幸福和温暖。

两个不同性格、不同成长经历、不同生活习惯的人走到一起，势必会有各种摩擦和不适应，可生活就是这样，磕磕绊绊、有喜有忧，若总是斤斤计较，遇事总要分个是非曲直，难免会伤害感情。

总是抱怨婚姻的人，无论再换几次伴侣，也依然不会感到幸福。世界上没有完全相同的两片树叶，自然也不会有完全一样的两个人，两个人即便再熟悉彼此，再有默契，也总是会有出现分歧的时候，也总是会喜欢不一样的东西，总是会有不一样的习惯，这些其实都是很正常的。

世上一切的人或事都有其两面性，重要的是你怎么去看待。总是盯着对方瑕疵的人，体会到的是烦恼；总是看着美好的人，感受到的是幸福。其实，幸福而长久的婚姻就是彼此的理解和宽容，发生争执的时候，换个方式思考，不要针锋相对。如果还有爱，就不要彼此伤害。

- 8 -

幸福是"熬"出来的

有人说，爱情很简单，感觉来了，你和我，一句"我爱你"，这就是爱情；也有人说，爱情很艰难，一路狂风骤雨，能够相偕到老，着实不是件容易的事。没错，相爱容易相守难。相守，常常变成葬送爱情的凶手，也难怪总有人说，婚姻是爱情的坟墓。换个角度来说，若连相守都难以做到，爱情又如何证明它的伟大与不朽？婚姻或许的确是爱情的坟墓，若没有婚姻这块坟墓，那爱情岂不是"死无葬身之地"？

还记得结婚时宣读的那几句誓言吗？那不是几句泛泛的空话，而是一种承诺和责任。在爱情的旅途中，顺境和逆境、富有和贫穷、健康和疾病，总是不时交替。顺境时的爱很简单，无非就是相依相伴一起幸福；逆境时的爱则很艰难，它要你顶着暴风骤雨，搀扶着伴侣不离不弃。爱虽然只有一个字，却饱含着与对方共同承担责任和风雨同舟的信念与决心。

回顾自己与心蕊十年的感情之路，晓峰的眼角不禁湿润起来。他们22岁相恋，期间分分合合、曲曲折折，最终还是牵手走到了现在。

他的思绪又回到了那段因得肿瘤而充满了恐惧与绝望的日子。那时候，心蕊没有离开他，而是默默守在他身边，给他鼓励。她陪他一起去医院，一起做检查，尽管辛苦，却没有丝毫的怨言。晓峰心里对心蕊不仅有爱，更有感激，若没有她，自己可能早已心灰意冷，早就垮掉了。是心蕊的爱护，让他对未来重新充满了希望，每天都积极地生活。同时，他也为自己暂时没能给心蕊一份安逸的生活感到愧疚，他希望日后能够更好地补偿心蕊，做一个可以走动的大树，让她有个坚实的依靠，为她挡风遮雨。

提及那段往事，心蕊说："将来会发生什么，谁都无法预测，可这有什么关系呢？不管遇到什么，只要我们在一起一天，就要一起携手，幸福着面对。"

十年过去了，他们一直相守着，有了温馨的家，有了可爱的孩子。这些年他们一同走过的岁月，让彼此深刻地明白：爱，就是风雨中的相守，就是平淡中的相濡以沫。

爱情不一定要轰轰烈烈，但一定要能在风雨中相守，在平淡中相濡以沫。通往的幸福路很漫长，若没有相依相守的信念，又如何挨得过平淡的流年；若没有生死相依、相互搀扶的积淀，又如何兑现地久天长的誓言。美满的婚姻需要两人共同经营、共同成长，在漫长的岁月中互相搀扶、相

/ 第八章　与爱和婚姻好好在一起 /

濡以沫。

有人说婚姻就是一种"煎熬"，这种说法有一定的道理。婚姻就像做菜一样，要把两种完全不同的食材放到一个锅里，通过各种烹饪手段，煎煮蒸炸熬，将这两种不同食材的味道进行完美融合，最终成为一道名为"婚姻"的菜。在做菜的过程中，有的人失败了，中途放弃了这盘菜；有的人虽然勉强做完，却没有将两种食材进行完美融合，即便盛在一个盘子里，这两种食材依然各自"坚持"各自的味道；有的人成功了，在各种"煎熬"中，磨合了两种食材，让他们的味道相互渗透、相互影响，最终成为一道美味的菜肴。

真正的幸福往往来得没那么容易，幸福都是"熬"出来的。

公司年会上，气宇轩昂的总裁挽着一个打扮得雍容华贵、有些矮胖的中年女人走进了会场。这个女人是总裁的太太。

宴会进行到一半时，总裁的太太离开他身边去了洗手间，这个时候，年轻漂亮的女秘书走到了总裁身边，撇撇嘴不甘心地说道："一个华美的花盆，怎么偏偏要种一棵苦菜花呢？！我可真没想到，您居然是为了那样一个女人拒绝我。"

几天前，这个女秘书向总裁表达了爱意。女秘书年轻漂亮，而且很有学识，是公司众多男士追逐的对象，可令人意外的是，总裁却断然拒绝了女秘书。

此刻听到女秘书不甘心的抱怨，总裁只淡淡地看了她一眼，然后从容地说道："你很漂亮，很优秀，也很有眼光。我想像你这样的人，恐怕绝不会爱上一个父母双亡、家无片瓦的打工仔吧！想必你也不会愿意跟一个白手起家、一分钱掰两半花的男人去过苦日子吧。十年前的我就是那个样子，今天的我虽然西装革履，但脱下这身皮，我依然还是那个我。"

"现在怎么能和十年前一样呢？！人是一直在变的，难道人生的选择不该因为境遇的改变而有所改变吗？"女秘书不甘心地说道。

"我和妻子的婚姻就好像一锅炖菜,我们都还是新鲜食材的时候就被投到了一个锅里。在这个锅里,我们相互支持,相互取暖,在不断的煎熬炖煮中融合进了彼此的味道。如今,这道香气四溢的菜肴已经做好了,食材的味道完美地融合在了一起。这个时候,你却突然告诉我说,要在这盘已经做好的菜中加入一个鲜嫩的生食材,你认为这道菜会好吃吗?"

总裁转过头,看着回到会场正朝自己走来的妻子,眼中一片温柔,他低声说道:"幸福,都是在苦里慢慢熬出来的。没经历过'煎熬'的婚姻,只是同床异梦的搭伙过日子罢了,哪能明白心意相通的感觉啊。"

婚姻不是一场轻松的游戏,更不是一张华美的广告图。当你决定和某个人携手步入婚姻的那一刻开始,你们就注定要面对风雨,更要挨得平淡。只有经受得住苦难考验,跨越得了坎坷之途,婚姻才能在不断的"煎熬"中沉淀出幸福的味道。

- 9 -

抱怨是最糟糕的沟通方式

你是否有过这样的经历:在某天心情很好的时候突然碰到一个朋友,这个朋友上来就说天气有多么糟糕,他的生活充满了各种不如意,简直就是一团糟。这个时候,你的大脑会随着他的语言思考,结果大脑里浮现出一幅不愉快的黯淡无光的景象,你的心情也随之一落千丈……这就是为什么人们不喜欢与成天抱怨的人相处。

在生活中,抱怨几乎无处不在。很多人一旦心情不顺就开始牢骚满腹、怨天尤人,抱怨生活的方方面面:工作的繁忙、生活的忙碌、薪水的微薄、沟通的障碍、情感的波折、天气的变化,等等,几乎没有什么是不能抱怨的。

然而,抱怨能给我们带来什么呢?

首先,自然是坏情绪。抱怨所能带来的最直观的东西就是持续不断的坏情绪。抱怨对于我们个人而言绝对是一种持续性的伤害,每一次的抱怨都是一次重复痛苦的过程。因此,当遭遇生活的不如意之后,抱怨并不能排解我们内心的苦痛,反而会因不断强迫自己回忆痛苦,而不断延长坏情绪对我们的影响。

然后,是众叛亲离。试想一下,如果一个人从早到晚逢人就抱怨,向别人大吐苦水,那么肯定会有很多人躲着你。坏情绪就像传染病一样,别人的好心情很可能会因我们的抱怨而变得十分糟糕,甚至惹来一身怨气。

有这样一个故事:

一位女士因为丈夫的冷淡而苦恼不已,她常常对他大吼大叫:"你总是这样健忘,想不起我们的结婚纪念日""你已经很久都没有带我出去吃饭了,难道你的工作就那么忙?没有一点时间陪我?""你是人还是石头?我已经无法忍受你了!"……这样的抱怨口吻使得丈夫也非常厌烦,对妻子自然就越来越冷淡了。

后来,她开始学着不抱怨,改用温和的方式来表达自己的诉求:"亲爱的,我知道你的工作很辛苦,我提一些无理的要求可能令你很不高兴,但是,我觉得有时候也应该留点时间给自己,你说呢?我们一起出去散散心,或者先去野餐,然后再随便逛逛,那该多么美妙啊!"渐渐地,丈夫也改变了冷淡的态度,夫妻俩从此变得其乐融融,过得幸福美满。

抱怨是人与人之间最糟糕的沟通方式,抱怨没有任何的用处,只会使我们变成不受欢迎的人。当你对某些事情心存不满的时候，一定记住，不要以抱怨的口吻去表达你的诉求，当你能够舍下心中的怨气，摒弃无休止的抱怨，努力做好自己的事情时，就能凭借自己的力量改变所处的环境。

事实上，很多时候，行动比抱怨要有用得多。有一句话说得好："如果不喜欢一件事，就改变那件事；如果无法改变，就改变自己的态度。不要抱怨。"

当然，不要抱怨并不意味着你就不能发表自己的观点。当你对某些事情有意见，当你希望某人能为你做某件事的时候，你当然是可以表达你的诉求的。需要注意的是，抱怨和正常地表达诉求，二者之间其实有很大差别。

灵修导师托利在其著作《一个新世界》中写道："为了助人改正而告之别人的错误与缺点，不能与抱怨混为一谈。我们也不能为了防止抱怨，而容忍不良的品质和行为。告诉服务生'你的汤是冷的，请加热'——这是陈述事实，将有利于改变对方；'你竟然把冷掉的汤端给我？'——这就是抱怨了。"

所以，如果你习惯抱怨的话，现在不妨试着把抱怨转成陈述事实。只要你不抱怨，怨言便无处流窜。面对问题的时候，只有先看清问题的真相，再好好反省自己的行为，问题才能得到解决。这样一来，你会变成一个快乐的人，你的生活也必然会有想象不到的大转变。

大学毕业后，学习法律专业的王宾没有找到合适的工作，暂且在一家保险公司当了业务员。刚到公司上班，王宾就发现公司里大部分人都很不敬业，对本职工作不认真，他们不停地抱怨着，抱怨工作难做，抱怨待遇太低，抱怨保险行业不景气，抱怨专业不对口……干活也提不起一点兴趣。

尽管王宾也很认同这些观点，但是他同时也告诫自己："抱怨没有什么用，该干的活不也照样得干吗？既然能找到这份工作，就要好好珍惜，力争把它干好吧。"就这样，他把心中所有的不满都压了下去，一头扎进工作中，踏踏实实地干活。无论接到老板的何种指派，他都会一丝不苟地完成，

/ 第八章　与爱和婚姻好好在一起 /

没有任何怨言。

　　天长日久下来，王宾与公司其他人截然不同的工作态度引起了经理的注意，在经理的特意关照和引导下，王宾很快就掌握了推销保险的诀窍，业绩也随之突飞猛进。当公司那些喜欢抱怨的同事依旧业绩平平，每天重复抱怨生活的时候，王宾已经后来居上，成为了分公司的地区负责人。

　　对于自己的际遇，王宾心中同样也有着诸多的不满意，但他深知抱怨无济于事，只有通过努力才能真正改善自己的处境，因此，他认认真真地从小事做起，在工作中踏踏实实，从来没有任何怨言。最终，他取得了不俗的业绩，赢得了公司领导的赏识，获得了更多发展的机会。

　　抱怨是最失败的沟通方式，也是最无用的情绪宣泄方式。请记住，永远都不要抱怨。不抱怨是一种人生智慧，也是一种心灵修养，当你心中存有不满时，请不要用抱怨的方式表达，你可以陈述事实，可以发表自己的意见，但绝不要抱怨。走入不抱怨的世界，才能从中找到快乐和幸福。要知道，幸福的人生就是不抱怨的人生，快乐的世界就是不抱怨的世界。